莫让 青春 染暮气

没有翅膀，所以要努力奔跑。一无所有的青春，却让我们的未来充实丰盈。写给在现实中迷惘的你。

文捷

[编著]

WENJIE

< << << << <<

二十几岁你一无所有，
却让全世界羡慕。

中国华侨出版社

图书在版编目（CIP）数据

莫让青春染暮气 / 文捷编著. — 北京：中国华侨出版社，2014.3

ISBN 978-7-5113-4519-6

Ⅰ. ①莫… Ⅱ. ①文… Ⅲ. ①人生哲学－青年读物 Ⅳ. ①B821-49

中国版本图书馆 CIP 数据核字（2014）第 055208 号

● **莫让青春染暮气**

编　　者 / 文　捷
责任编辑 / 月　阳
责任校对 / 王京燕
装帧设计 / 环球互动
经　　销 / 新华书店
开　　本 / 710 毫米×1000 毫米 1/16　印张 /13　字数 /133 千字
印　　刷 / 大厂回族自治县德诚印务有限公司
版　　次 / 2014 年 12 月第 1 版　2014 年 12 月第 1 次印刷
书　　号 / ISBN 978-7-5113-4519-6
定　　价 / 28.00 元

中国华侨出版社　北京市朝阳区静安里 26 号通成达大厦 3 层　邮编：100028
法律顾问：陈鹰律师事务所　　　　编辑部：(010) 64443056　　64443979
发行部：(010) 64443051　　　　　传　真：(010) 64439708
网　址：www.oveaschin.com　　　E - mail：oveaschin@sina.com

青春物语

· 成长的残酷，是让我们摔倒了不再需要别人扶起，同时学会忍着眼泪感激那个把你推倒的人。

· 所谓坚强，只不过是比谁更能装得无所谓。

· 一个人不可怕，怕的是迷失。孤单可以习惯，空虚不能习惯。

· 如果你想梦想成真，就先从梦中醒来。

· 直到我们睁不开眼睛，走不动路，还有一个人愿意拉着你去晒晒太阳。

· 当我们搬来了别人的绊脚石时，也许恰恰是在为自己铺路。

· 穿行在茫茫世界，洗净铅华，在路上，见识世界；在途中，认清自己。

· 无论发生什么事情，都不要放弃你的勇气。如果放弃了，游戏就结束了。

· 没人疼的孩子，始终要自己撑起一片天空。

· 所有人都想得到幸福，不愿意承担痛苦，但是不下点小雨，哪来的彩虹？

· 其实，生活很平淡，是我们把它形容得苦不堪言。

· 爱情里，最重要的事，不仅是如何去爱别人，还有如何成全更好的自己。

· 人们总说，时间会改变一切，但实际上你自己必须去改变一切。

· 失去什么，才明白什么。

· 有些伤痕，划在手上，愈合后就成了往事；有些伤痕，划在心上，哪怕划得很轻，也会留驻于心。

· 如果时光可以倒流，我还是会选择认识你，虽然会伤痕累累，但是心中的温暖记忆是谁都无法给予的。谢谢你来过我的世界。

目录 \ CONTENTS

目录 \ CONTENTS

目录 \ CONTENTS

目录 \ CONTENTS

目录 \ CONTENTS

目录 \ CONTENTS

青春都是如此，
带着疼痛，却又义无反顾

我们都过着与想象中不一样的生活

读书的时候，每天骑着脚踏车上学、放学，等着中考结束成为高中生，等着高考结束成为大学生，等着考研结束把书一条龙念完，即便是目标明确，其实你内心也有着迷茫。

找工作的时候，满腔热血，四处投递简历，但如石沉大海，在家里守在电话机旁边等待面试通知，内心很无助，你心想，等工作稳定了，一切都会好起来；有了一份工作，每天上班挤在汹涌的人潮中，却感到很落寞，整日穿得整洁时尚，举手投足都无比得体，接人待物都恰如其分，说话谈吐都深思熟虑，看似无比成熟，其实内心还是当初那个脆弱迷茫的少年，不知道到底为什么而活而累而忙。

下了很大决心，终于鼓足勇气辞职去旅行，想永远在路上去丰富自己的人生，拍好看的照片，分享有趣的故事，发的贴子鼓舞了无数人，其实，你到底有没有真正地觉得自由和快乐，却是另外一桩事情了。

我们嘴里总嚷着无数的"如果……我就可以……"

如果高考结束了，我就可以过上自由自在的生活；如果毕业了，书终于念完了，我就可以拿着文凭，去参加招聘会和各种面试；如果面试通过了，拿到这份工作，我就可以努力去实现曾经的抱负、理想，就可以娶妻生子，人生一帆风顺地过幸福的日子；如果这份工作没那么累，我就可以在业余时间培养自己的兴趣和爱好，我还可以去旅行，兴许生活不会那么枯燥、无意义；如果旅行可以带来不一样的人生，只要勇敢地跨出第一步，我就可以从此海阔天空，书写自己的人生……

我们热切拥抱改变，容易受鼓舞，更容易被别人的故事所触动，勇往直前拼了命地努力，也想试图打破循规蹈矩的一切，不顾一切地出走，去过自己想过的生活。然而，无论如何改变，始终都没有在过自己想要的生活，于是，我们不停地寻找下一个"如果"。我们对生活有大大小小的期盼和等待，在行进的过程中，我们却渐渐地忘记了自己终究期盼和等待的是什么。

叔本华说："人生就像一个钟摆，在痛苦和无聊之间摇来摆去。欲望满足了就无聊，不能满足就痛苦。"虽然李银河在读叔本华著作的过程中，发现了叔本华在此之外，还提出了打破钟摆的另一种生活，即过睿智的生活。然而这到底是一种什么样的生活呢？

我们到底要过什么样的生活

我们到底要过什么样的生活？这个问题就像我们每个人生长到一定阶段以后会问"人为什么要活着"一样富有哲学味道。

我今年 24 岁，感觉自己怎么突然就这么大了，心理年龄却没有这么成熟。一个人在京城一家广告公司做经理助理，早起晚睡，很忙碌。

刚开始，内心也委屈过，情绪也波动过。扛着一麻袋宣传条幅，从西城乘地铁再转公交到最东城，在地铁站下楼梯的时候，摔了一跤，双手全是血，膝盖青肿，在公交车上痛得哭起来；在一家小区门口发传单，满怀的委屈，却还要对过往的每一个人都扮笑，晚上下班回家的路上，终于忍不住哭了起来；一整天打仗一样做完老板吩咐的任务，照例下班后，回到租来的不足五平米的小卧室，一种落寞的感觉顿时涌上心头。

第一次写广告策划案，连基本的格式都不懂，对着电脑猛然慌乱起来，不知道如何是好，硬着头皮在一片沉寂中颤抖地问同事"这个广告该从哪里下手，有没有什么固定的格式"等低端的问题。

在试用期的那一个月里，我曾有过从早到晚小心翼翼、如履薄冰地在职场颤巍巍讨生活的日子；我也有过因为老板一个脸色不对，一句话说得不好听，就提心吊胆一整天的日子；也有过因为说错一句话得罪了同事，自己担忧到夜不能寐的日子。在这样的日子里，我觉得自己丢掉了自己的青春，因为比起那些十七八岁的孩子们，我要担心账单，担心失业，担心未来。我开始怀念那些柳叶飘飘、白衣摇曳的年代。躲在不用为生存忧虑的青春年少里，我们只要在考试前背几本书就能达到及格线，可要在成人的社会里，要达到及格线，需要付出多少辛苦以及一次次的伤心和怀疑。

看到小时候的玩伴，有人找了不错的工作，渐渐地建立起了安稳的生活；有的早早步入社会，已经结婚，事业也步步高升；有人已经有了孩子，夫妇计划着换更大的房子……

可是看看我自己，下班后不知道该去哪里，不做饭就在外面随便吃，有时太忙碌忘记吃饭。没有女朋友，大把的时间都在看新闻访谈节目。偶尔在路上走着，总有不知道未来会通向哪里，接下来要干什么的迷茫。

"嗨，这样的生活，无安感，真的要持续下去吗？"无论欢乐也好，难过也罢，这种拷问自我的问题，总会在某一个点上随着生活的平淡从心底像小草一样慢慢地滋长。

"熬"是每个人都绕不过的历程

我们这一代人，每个人都有相似的成长经历，每种经历都离不开"熬"字：上小学努力考中学是一种熬，上中学考大学是一种熬，上大学盼望参加工作是一种熬，参加工作盼望娶妻生子是一种熬，娶妻生子到盼望孩子长大成人是一种熬，孩子长大再盼孩子成家立业是一种熬……熬日子似乎成了人生的惯性，是每个人都绕不过的历程。

人生本身就是一个修炼的过程，这种修炼就是一种"熬"，煎药般的"熬"，煲汤似的"熬"。

然而，真正在过时间的人，是用心感知每一分每一秒，脚踏实地过着此刻的生活。纵使一切都不尽如人意，纵使由心地感觉痛苦，一个能在烂摊子面前把线索一点点一点点拾起，耐心做好该做的，把成败置之度外的人，其实更容易一不小心就走得很远。那么，他所完成的任务，所成为的自己，所得到的成就感，都是刻在骨子里平实而非耀眼的快乐。

"太多人成功之后，反而感到空虚；得到名利之后，却发现牺牲了更可贵的事物"。兴许如今我们在意的，过不久就被新的一切所掩盖。人间的是非富贵在时间的洪流中显得实在是太过渺小了。想起一段耐人寻味的对话，葬礼上有人问死者的朋友："他留下了多少遗产？"对方回答："他不过是两手空空，什么也没有带走。"

二十多岁一无所有的我们，其实最有力量去改变现实的一切。比起更多人，我们早已经在伤痕累累的路上懂得，其实真正的成功，并不是拥有什么，而是这一段段路我们曾经用心走过，留下了属于自己的感情与故事。恋爱的时候，真心地付出过；在学校做练习题的时候，认真地思考过；在岗位上工作的时候，曾经付出过热情；在家里，与父母待在一起，感受过亲人间互相的关怀与温暖。也许，我们并不能成为历史里那些功勋卓著的英雄，事业成功的伟人，但至少我们还有能力去持续地做一件事情，让世界变得更美好，夜晚也就睡得更安稳一些，早晨伴着闹钟起床也就有了万分的动力。

其实，所谓的成功，就是生活中那些不起眼的，曾经令人动情的、认真的、付出过的小事。

真正让生命感受存在的，其实就是那些实质性的小事情。要达到任何一个目标，都需要一个过程，而这个过程，便是我们活着的真正意义。

你敢义无反顾地做你想做的事情吗

迪亚，是北京一家文化公司的老板，30 岁出头，收入不菲，北京家里有美丽的娇妻，可爱的女儿。与他洽谈业务时，他总会十分认真地对我说："你就像十年前的我。其实，现在的我依旧很羡慕你。"

"什么，羡慕我吗？"这话让我震惊。像他这样的事业有成的人怎么会羡慕我这样一个一无所有的人？他有房有车有事业，家庭幸福。而我，连个像样的住处都没有，有可能会因为在这里混不下去而回老家，凡是与"一年的合同"相关的，对我来说，都是奢侈。家里连个坐的地方都没有，连衣服都没买过。

迪亚打开他办公室的窗，灯火阑珊的北京城尽收眼底，秋天的凉风向人袭来，他笑着说："这才是青春该有的样子。二十出头的你，还有诸多的路要走，未来充满了无限的可能性。"

后来，我又听朋友说，一位朋友在 35 岁的时候，卖掉了自己的公司，带着爱人要进行一次环球旅行，去了他一直想去而没有到达的地方，做了他一直想做而没有做的事情。这种感觉，我现在想都不敢想的。

安全感，真的与年龄有关系吗？如果 35 岁的时候，还能够义无反顾地去做自己最想做的事情，那么现在，20 岁出头的我们，为何要在乎这种虚无缥缈的"幻觉"呢？

日本一位极为年轻的临终关怀主治医师大津秀一，在多年的行医经验上，亲自听闻并且目睹过上万例患者的临终遗嘱，他说："大多数人一生最遗憾的事情，就是'没有做自己'，比如，没能做自己想做的事情，没有去想去的地方旅行，没有过自己想过的生活，等等。"我们的确顾虑太多，走得太快，以至于经常会忘记停下来听内心真实的声音：你现在过的生活，是否是你真正所向往的呢？

前段时间在电影院看了《致我们终将逝去的青春》和《中国合伙人》深有感触：青春不是一个年纪的终结，也不是面孔的日益干瘪，而是永远有冲刺梦想的心情和挑战的勇气，义无反顾地抬起头来走自己想走的路——这才是青春该有的样子。

人生的路只能永远向前

晚上下班后，一个人百无聊赖，就到街边的小餐馆吃麻辣烫。

餐馆老板是一位单亲妈妈，雇了两个小伙计，一个负责收费，另一个负责厨房。

她看起来很重视孩子的学习，经常让七岁的儿子练字。由于店里的生意不是很好，挣钱不多，这个孩子经常用废弃的旧纸练字。

这天，孩子很不耐烦地对妈妈说："我练习了这么久，可为何一直还没有任何的进步？"

妈妈安慰道："不如你用更好的纸试试，可能会写得更好一些。"

于是，孩子就照妈妈说的去做了。果真，没过多久，我再次去餐馆吃饭时，看到孩子的字写得比之前好多了。

我很好奇，就问孩子的妈妈为何孩子会进步得如此快，她笑着说："因为他用旧纸写字的时候，总是会感觉是在打草稿，即便写得不好也无所谓，反正还有的是纸，所以就不能完全地专心；而用最好的纸，他会心疼好纸，会感觉机会的珍贵，从而更投入，也就会比平时练得更为专心。用心去写，字当然会进步了。"

的确，平常的日子总会被我们不经意地当作不值钱的"废旧纸"，涂抹坏了也不心疼，总以为来日方长，平淡的"废旧纸"还有很多。实际上，这样的心态可能会使我们每一天都在与机会擦肩而过。

我想，生命中最不可承受之重就在于没有重来的机会。如果当初如何如何，现在就不会怎样怎样，每一个岔口的选择其实没有真正的好与坏，只要把人生看成是自己独一无二的创作，就不会频频回首如果当初做了不一样的选择。人生只售单程票，过去就过去了，更重要的是走好后面的路。

在生活中，每个人都在自己的轨迹上走着自己的路。尽管在这条路上会有无数的岔道口供你选择，但每一条路都被画上了单行的标志。

生命，是一条单行线，只要踏上了就回不了头。

在这条路上，无论对或者错，都没有再回头的机会。既然无法重复过去，那就要好好地把握现在，以期许更为幸福的未来。

我们生命中的每一个当下都是独一无二的，它既不是过去的延续，也不是未来的承接。时间是由无数个"当下"串联在一起的，每一个瞬间、每一个当下都将是永恒。所以，当我们吃饭的时候，要全然地吃饭，不要管自己在吃什么；当我们玩乐的时候，要全然地玩乐，不管在玩什么；当我们爱上对方的时候，要全然地去爱，不要计较过去，也不要去算计未来。就像《飘》里的女主角郝思嘉一样，在自己烦恼的时刻总是对自己说："现在我不要想这些烦恼的事情，等明天再说，毕竟，明天又是新的一天。"昨天成为过去，明天尚未到来，想那么多干吗，过好此刻才最真实，否则，此刻即将消失的时光，上哪儿去找？

所以，把生命中的每一天、每一个瞬间都当作那最好的一张纸吧！现实生活永远不会给我们打草稿的机会。我们人生的答卷，也是无法更改的，亦无法重绘，所以，我们要懂得每一个机会，认认真真地对待每一天，每一个瞬间。

我们真正渴求的是"改变"

"只要你勇于跨出第一步，就离成功不远了"。每个事业有成的成功者，似乎都会以这样的话来激励还在路上的未成功者。可是，当你真的遵从内心的感觉，辞职在家写作，实现作家梦也好，工作升职加薪也好，并不意味着你距成功"不远了"。

坐火车到远方去旅行，看着窗外的风景异常美好，真心感到快乐、兴奋。其实，真正让你快乐而兴奋的，不是坐火车的过程，而是把你带向远方，来到另一个全新世界的激动。透过火车的玻璃窗，风景看久了，也会感到无聊，也会困顿得闭上眼睛睡觉。

原来，"成功"一点都不难，甚至很快。想象中很美好的事情，接近后，触摸后，往往没有想象的那么美了。最终，我们都能够抵达目的地，但是拥有的，其实是不同质感的"远方"。

我们渴求改变现有的状态，更想要过上自己理想中的生活。事实是今早付出了一点点努力，今晚就想要立刻获得回报，而真正忽略了过程和"旅途"，那么失望就在所难免了。

青春年少的我们，曾经也想热切地改变现状，改变社会。

曾从一本书上看到这样一句话：

当我年轻的时候，我的想象力不受任何外物的局限，我总是梦想着能有一天自己可以改变这个世界。

当我渐渐成熟，思维明智的时候，我发现这个世界根本是不可能改变的，于是，我的眼光变短浅了，既然不能改变环境，那就改变自己吧！

当我到了迟暮之年，抱着最后一丝努力的希望，我决定只改变我的家庭，我周围的亲人，但是，唉，他们根本不接受改变。现在，在我临终之际，我才突然意识到：如果起初我只改变自己，接着我就可以依次改变我的家人。然后，在他们的激发和鼓励之下，我也许就能够改变我的国家。再接下来，谁又知道呢，也许我连整个世界都可以改变……

20 岁出头，世界还不是我们所能改变的。我们能做的，或许目前阶段只是独善自身。每一个小理想的实现，都是对于未来改变社会的练习。所谓的"改变"，有时是痛苦的。并不是换条路走，就心情爽朗一路绿灯，更多时候，带来的可能就是更深的迷茫和痛苦。唯有经历后，改变才能带来巨大的效应。

和乘火车到远方旅行一样，时间，才是奇迹的钥匙。

生活很美好，是我们把它形容得苦不堪言

经过种种考验，第一份工作终于通过了试用期。初入社会的第一道难题终于被我突破，我想该是我大展身手的时候了，当我一头扎进工作中的时候，我才发现，生活其实很美好，是我们把它形容得苦不堪言。

某一天，我和久违的大学同学一起聚餐。他问我："你觉得你现在的工作快乐吗？"我说："挺好的呀。"他又问："那你公司有钩心斗角，有人事斗争吗？"我特认真地说："我不知道。"他不甘地接着问："那你参与公司的'小团体'吗？"我反问："有'小团体'吗？"他一本正经地扭动一下自己的坐姿继续追问："你们同事会故意避开你，或者故意欺负你吗？"我想了许久，说："不知道哎。"

他不甘心地挠头问："难道你不想深入了解一下自己的工作环境吗？"我回答："没时间。"他最终感叹道："难道你只关心你手头的工作吗？"

我放下筷子认真地回答："我每天要高效率地完成我的工作，尽量按时下班。回家后我要抓紧学习，要学最基础的电脑操作，要看书学习广告宣传方面的知识，要写博客，力求

将来能把广告文书写得精妙绝伦，你觉得我有时间和精力去了解别的事儿吗?"

我闲暇时间，每天都会听一些同学像怨妇一样向我细数自己的职场抱怨。他们把太多的精力分散于打扮、四处打听八卦、热衷于公司中毫无意义的小道消息。他们把自己在职场中的第一个小纠结详细地讲给我听，生怕我不了解他们所处的水深火热。比如谁歧视他了，谁指桑骂槐地讽刺自己了，谁瞪了自己一眼，谁跟自己说话的喉咙稍微粗了一些……然后向我请教怎么办，问我该怎么和别人斗智斗勇。

于是，这些曾在学校努力学习，想着有一天能出人头地的年轻人，在鸡毛蒜皮的小事上慢慢地耗尽了自己全部的激情与梦想，忘掉了他们大学时曾经精心策划的人生轨迹，错过了很多本可以属于自己的机会，眼睁睁地从热血青年沦为一个平凡的中年人。最终，他们却会用"生活就是这么残酷，总会磨平我的光芒"这样的鬼话来安慰和说服自己，也开始慢慢地相信"岁月总是消磨掉我们的锐气、执着和梦想"，然后让自己慢慢地甘于平凡，从而丢掉了十几年读书生涯积累下来的光荣与梦想，丢掉了自己的无畏与坚强。

我也有过因为受委屈而流泪的日子，也有过在职场上颤颤巍巍讨生活的日子。但是，当有一天我开始按照自己既定的目标专心于工作，我发现，我根本不再有多余的时间和精力为各种乱七八糟不靠谱的事情担忧。

　　虽然我身边也有一些同事在关注与工作无关紧要的职场内幕，人际关系，但我却不想参与，也不去研究。我开始逃避，只愿意做个又宅又独的好员工，关注如何能将手中的每一项工作，每一个细节都做到极致，用心地度过我工作的每一分钟，我希望从我手中出来的每一件作品都是艺术品，哪怕它只是一个简单的文案，一个 PPT，一个 Excel 表格。

梦想，请你晚一点实现

我一直梦想要成为一个用文字改变世界的人。

我的"铁磁"说："你若以此为生，迟早会被饿死。"其实，写作并不会成为我的工作，我却喜欢这样的状态。写东西的时候，完全没有压力，把自己的内心剖析给别人，那种感觉很好。

现在工作之余就写作，尽管不知道自己半年或一年后会身在何方，在做何事，但眼前的路要一步步走好，因为潜移默化中，此刻的生活已是在我们曾在无数个人生十字路口徘徊后，最终选择的最理想的一条路。

更何况，我们常想此刻就要过上理想的生活，却从来不问自己究竟是否已经准备好了。抵达目的地前的"旅程"是缺不了的，并且许多弯路是注定要走一遭的。人生还很长，磕磕绊绊一路掉眼泪，泥泞的路才有好的故事可以向人讲。人总不是一开始就会过上自己想过的生活，直接成为万人敬仰的作家或者企业家、成功者。理想，还是来得晚一点才好。来得太早，结果自己还不够资格拥有，比起未实现会更令人惋惜。

其实说到底，自己也不过是梦想路上不断跌倒、满身伤痕的行者。平实而温暖，我没多大的出息，只想做这样一种不耀眼的人。

或许半年或一年后的自己，又到了新的"远方"，做起了不一样的事情。但，我相信每一分每一秒，我都在过自己的理想生活。即便不是，我也在成为有资格的人的路上。

真正的旅行，不在于你走过了多少地方，而在于成就了多少次全新的自己。

梦想，请你晚一点实现，让我更有资格地拥有你。

千万个理由，只是为给平庸找到借口

写作之外，近段大部的时间都在用心工作。一开始迷失了一段时间，如今又寻回了自己的节奏。

从最初的分散精力到重聚动力，我越来越清晰地看到，当初的梦想又飞回来了。在那个瞬间，我开始明白曾经的那些毫无意义的迷失有多么愚蠢，我差点儿就为无紧要的琐事放弃自己多年的奋斗目标，放弃了跟别人完全没有关系，只存在我一个人内心深处的美丽世界。

再看看我的大学同学，从走出校门的那一刻，他们是多么心高气傲、动力十足、拥有广阔视野和胸怀的人。在大学里，我们渴望改变世界，那时候的我们心中装着整个世界。可现在，为什么我们开始变得斤斤计较？计较老板的心情是不是不好？计较哪个上司今天是不是瞪了自己一眼？计较生病了是不是有人来陪着？计较今天该穿哪件衣服……我们内心的全世界哪儿去了？

所以当我们站在起点上时，那些不如我们却能坚持梦想的人已经悄悄跑到了我们的前头，或许在未来的某一天，我们只能远眺他们的背影。

或许你会说，我们都该面对现实，现实是不尽人意的、是无奈的，可是，如果我们这样说服自己一点点地怠慢下去，那么若干年后你就会变得和最普通的人一样。我们曾经在校园里那么的让自己不安分、不妥协、不放弃，为的就是这最后的结果吗？

在学校或在家里，我们总被教育"那么玩命地工作，没必要折磨自己，跟自己无关的事情别那么主动去沾，不需要事事都会，学那些没用的干吗……"其实，每个人生来都没有标签意识，那些所谓的你该这样、不该那样，都是后天环境强加给你的。曾经我也认为自己做广告，一些电脑的事儿不该自己管。直到有一天，工作强迫我要捧着说明书，找到光驱和硬盘，判断 CPU 有多大，刻录机怎么用。当我扔掉内心的障碍，把一个坏了的电脑拆开又装好，然后详细地告诉周围的同事每一个部件有什么用，每一根线应该连在什么地方，每一个电路板是什么原理的时候，老板只会觉得这个年轻人真棒。

千万个理由，都只是为平庸找出的借口，只是让灵魂好受一点。其实，每个人都有潜在的能量，只是很容易被习惯所掩盖，被时间所迷离，被惰性所消磨。

青春赋予你锋芒，
请别让它失望

心理贫穷的人，在现实中是不会有收获的

有一天，在图书城看到一段文字："大学，这个地方每年如流水一样的冲进来一群人，又如流水一样的排出一些人，据说他们带走了知识和成熟，而把忧伤则遗落在了这里，它有时候是一则传说，有时候是一篇诗歌，有时候是一篇文字。它们跟这里的每一棵树、每一座教室、每一张书桌、每一块海报橱窗一样，构成了'大学'真正的传统和魂灵。"其实，"大学"的真正意义是青春的一种展示。我顿时明白，人生其实也是生命现象的一种体现。那我们拼搏奋斗全然是为了"展示一个生活的过程"。

经营人生，其实也是为了更好地展示生活的过程。我们筑建梦想，获得自己想得到的，其实也是在筑建一种态度，培养一种对现状的反抗意识，形成一种竞争观念，成就一番事业。

比如，封建帝王之家灌输给子女的理念是：普天之下，莫非王土，率土之滨，莫非王臣。意思就是说全天下之人、之物都为帝王所有。其实，他们是在给子女灌输一种"态度"。具有这种态度的人在今后的日子里无论环境如何改变，

他们的态度都不会改变，他们所做的事情就是如何去复辟，绝不到贫穷的阶层里去求生存。

昔日孟母三迁为了什么？是为了给孟子塑造一种高贵的"心智模式"。一个心理贫穷的人，现实生活中是不会富有的，一个"心态树"上没有硕果的人，在现实社会中是不会有丰收的。

这个世界上最公平的事情，就是人人都可以通过努力获得成功。但有些人为何有的人能成为亿万富翁，而有的人却不能呢？

说了这么多，其实，我只是想说，青春不能没有梦想、目标，它们可以让一个人的心态变得丰富，结满硕果，有了这些，你内心的力量才会找到方向。漫无目的地飘荡终归会迷路，而你心中的那座无价的金矿，也会因为不能开采而与平凡的尘土无异。

大胆地给自己定个位，设立一个大的目标。带着对时间的紧迫感和对自己的信心，相信你一定会完成这个大梦想，大目标的。

被"理性化"的我们，离灵魂越来越远

　　杰明是我的高中同学，他是一所名牌大学的经济系高材生，想为自己赢得一个更好的前途，毅然选择了读研，读的仍旧是经济。

　　有一次，他找我小聚，得知我从事广告行业，很是欣慰。他说，你终于做了点与文字沾边的工作，这也是迈向理想的一个小步伐。我内心深处的梦想是拥有一份满意的工作，遇见一位一生一世的爱人，出版一本被很多人读到的书，并且得到肯定——你写得真好。

　　但是，我已经许久未曾翻开一部文学作品了。

　　有时候，在学习之余，我总会忍不住从书架子上抽出一部小说或者散文。然而，还没等翻开，头脑中便会有一个声音跳出来喊："读那些东西作甚！"于是，就只能长叹一口气，重新打开手边的《宏观经济学理论》。

　　在很久之前，我也曾经是个时不时动动笔杆子的文学青年。然而，最近一段时间，我却未曾记下只言片语。每当我很想打开电脑写点什么的时候，室友望着的我眼神便让我感觉自己如同火星来客一般，不得不讪笑道："咳，也是，那些经济数据还没学会统计呢，写什么东西嘛。"久而久之，研究专业课竟然成了一种习惯，以至于被同学扣上了一顶"学霸"的帽子。这样的生活，让我内心很踏实，至少说明我没有在虚度光阴，耽误学业。

杰明说完，朝我笑了笑，满是欣慰和满足的眼中有一丝沮丧和落寞。

我低下头，对他说："其实，你的感受我能体会得到。"

近段时间，忙于搞宣传，搭建台子，制作横幅，做工作报表，我也很久没有读过一本书，没写过只言片语了。

这个假期，我在网上结识了一位文学青年，她是个专业的文字爱好者。当我们讨论泰戈尔和埃兹拉庞德的诗歌时，我才讶异地发现，我的感觉已经变得异常的迟钝不堪，以至于完全无法体会诗人笔下那种微妙的情绪。

昨天下班回家，我闲来无事，点开那位文学青年的博客，随意点阅，不经意间几度泫然欲泣。她笔下记述的，是自己18岁的生活，像是有某一种魔力，将那些曾经的日夜相伴的孤独感再度从我的心底唤起。一刹那间，我平时读的那些广告学著作《广告的艺术》、《世界上最伟大的推销员》等都变得毫无意义。我悲哀地发现，我向理性走得太快，以至于灵魂已经跟不上脚步。我多么渴望，那个文学青年就在我身边，让我可以在她面前大哭一场，然后听她给我读海子的诗：

"到南方去，到南方去，你的血液里没有情人和春天。"

　　我们花了太多的时间，来锻炼自我的理性，却忘记了在夜深人静的时候，看一看自己的灵魂已经干涸。不要试图用理智去追问，灵魂的丰赡有着怎样的意义，须知灵魂乃是先于理性的存在。有空的话，多读读诗吧，多陪陪爱人，这会让你的生命从此变得与众不同。别忘了歌德写下的那句箴言：

　　"一切理论都是灰色的，只有生命之金树长青。"

那段"黯淡无光"的岁月，与梦想无关

一天下班后，百无聊赖的我在网上闲逛，QQ 同学群里突然冒出来一个信息："你们记得曾经的梦想吗？"

我呆呆地看着显示屏，内心涌出一股热流。

在小时候，我们曾歪歪扭扭地写下"我长大以后要当科学家"、"我长大以后要当警察"、"我长大以后要当老师"……在很小的时候，我们也曾有过这样积极向上的理想。

在长大的过程中，我也努力过，拼搏过，只是在现实里摸爬滚打的那些日子好像把那些理想早就打磨掉了。渐渐地，我接受了平凡，融入了世俗，认清了现实，也就淡忘了小时候那些慷慨激昂的理想。

后来我的梦想是拥有一份满意的工作，遇见一位互相陪伴一生一世的爱人，出版一本自己的书。

但是，高考填志愿的时候，我思虑再三，第一志愿报考了一所大学的媒介传播专业。爸爸看到之后，有些不解地问我："为什么报这个？"他很清楚，学广告就意味着不可避免要与他人打交道。而我从小就木讷，不善言辞，对交际既无热情，亦无天分。

我说："媒介传播是未来社会的朝阳行业，发展空间很大。学好了，收入一定不菲。"

爸爸只是"这样啊"应了一声，再没接话。那个时候，我觉得自己的选择颇为高明：既然尚未决定以何为业，那就不妨选一个可塑性强的、发展空间广阔的行业，反正人生还长着呢。至于是否喜欢，高中三年都撑过来了，还怕再撑四年吗？

事实证明，我错得很彻底。

回首那段岁月，我觉得只能用"黯淡无光"来形容，因为那不是我的兴趣所在。我才猛然意识到，去选择一项自己感兴趣的专业，做自己最喜欢的事情，是一件多么重要的事。

毕业了，硬着头皮，只好从事与专业相关的工作。现在看来，当初选择这个专业，不失为一个理性的选择，然而，并不能算是一个好的选择。

现在的我，才意识到，当初的一个小小的选择，竟把我的写作梦给弄丢了。

我们总是用"收益"去衡量事物，进而做出"理性"的选择。然而，收益和快乐之间，并不存在简单的对应关系。快乐源自灵魂，源自人之本性。

　　年少的我们，总会屈从于外界的压力与内心的虚荣，将梦想丢到一边，转而去追求那些能带给我们短暂满足感和幻想的梦想。"我只是长大了，理智了，不再像小孩那样，整天做白日梦了"。我们一边这样自我欺骗，一边加速地向痛苦的深渊沉沦。

　　我们身边有太多这样的人，出国留学，去世界名校读书，并不是对于知识的渴望和热情，而是让同龄人投来羡慕的目光；他们选择职业，并不是看自我兴趣，而主要看收益；他们的成绩优异、履历光鲜、谈吐得体、笑容自信，然而，当我们望着他们的眼睛，却极少能看到灵魂深处对工作所焕发的激情和热忱。他们活得快乐吗？一个整日忙于营造外在的光环，却甚少回头审视自己的内心的人，他是否已经忘记了幸福的滋味？

　　因为年轻，因为无知，我们自以为靠理性之舵牢牢把握着航向，却不知自己正疾驶进疯狂的旋涡；我们精心设计了金光闪闪的人生通途，却未发现自己的灵魂已无处安放。

沉下心来，问问灵魂需要什么

上大学，选专业，我们遵从理性。毕业了，找工作，多数人也是遵从理性。

我还好，选择的广告行业与我的写作梦想并不很冲突，经历各种各样的生活体验，都能刺激我的灵感。

同我一起毕业的很多同学，在选择第一份工作时，大都屈从了理性和现实。在学校，我们曾经对找工作的问题，进行过深刻的探讨：

"我要找一份工作，能自己养活自己！"那些成绩平平的同学，都会这么说。

"我需要一份有不错薪水的工作！"这是多数人的看法。

"我要到国贸写字楼里去上班，那是极有面子的事！"另一些同学的想法。

"要找一份工作，最好是轻松、钱多、离家近！"爱做梦者的说法。

多数人都抱着对薪水、工作环境的渴望，把未来设计得很美好。但是现实却与自我想象相差其远！这个时候，内心越是焦急，觉得自己真是需要一份工作了。但是越焦急，越会饥不择食，越不清楚自己内心真正需要什么，越是会失败。跳了几次槽，发现什么都不会，什么都不精通，经历越来越糟糕。几年混下去，让用人单位看到你的简历就皱眉头。

接下来，只会让你陷入恶性循环中去。最终只能哀叹世事不公或者生不逢时，不断地发泄，在失败者的共鸣中寻求一点心理平衡。

有时，我们太容易相信理性的力量，屈从于理性的选择，以致于忘记了灵魂的存在。机械的生活模式，终究是无法代替人的情感、内心的愉悦和信仰的。在通往幸福和快乐之门的航程中，理性是路灯，是船桨，是桥梁；然而，只有灵魂，才是那可以揭示最后谜团的金色钥匙。

所以，二十几岁的我们，先要忘记一切的生存压力，静下心来想一想自己这辈子最想要的是什么？究竟要追求什么？过一种什么样的生活？和自己的灵魂进行一次深刻的对话，弄清楚它想要什么，然后才可能把人生变成一种享受，而非一种压力和折磨。

一个人知道自己为什么而活，就能忍受任何生活

朋友一直以开玩笑的语气说我："看看你，整天在网上瞎写什么，看不靠谱的书，发没人听的牢骚，做出力不挣钱的工作，真是不靠谱极了。"他们觉得我毕业后过得太辛苦，每天扛着大袋东西去做活动，搞宣传，晚上还加班写文章，凌晨之前没睡过觉。

没错，我过的是挺艰苦的生活，但是我也没觉得有什么不好。工作就是工作的回报，写作就是写作的回报。白天对生活的体验，晚上把它变成文字，做自己喜欢做的事情，获得精神上的愉悦，谁说这不是一种回报呢？

看到尼采的一句话：一个人知道自己为什么而活，就能忍受任何生活。

这种辛苦劳作的生活，在很多人眼中，是无法忍受的，但对于我，它却是丰富而又愉悦的。就像谈恋爱，有的人把心都掏给你了，你却假装没看见，因为你不喜欢。有的人把你的心都掏走了，你还假装不疼，因为你爱。

有时，我会花时间去学习网络营销，没时间我就睡前看

20分钟的书，会加班到深夜，把广告文案写得更完美、更有吸引力一些。周末的话，可以看一天与广告相关的书。刚毕业，缺乏经验，什么都不太懂，就要靠努力。更多时候，世界对你的态度取决于你对世界的态度，没什么可抱怨的。

年轻时，很多人的梦想和计划受挫，是由两个小问题导致的：早上起不来床，晚上下不了线。

有个朋友每天晚上下班后，必须打游戏，然后玩到天昏地暗，第二天早上总因迟到而被批评，上周刚被老板炒了鱿鱼；楼上的小伙子天天早上五点钟就起床背英语单词，几年下来，他从一个送餐工摇身变为店长。

每个人都会找到属于自己的生活节奏，然后沉溺其中，无法自拔。

有时候沉默，并非是不快乐，只是想把心净空。有时候你需要退开一点，清醒一下，然后提醒自己，我是谁，我要去哪里。

人生姿态千变万化，幸福的终极评价标准是：你是否肯定你自己的价值取向，你是否接受你自己，你是否热爱你的人生，你是否活出了你的生命，你是否成为了你能够成为的人，如果没有，你是否有勇气重新开始。

我们都在寻求一种"安全感"

我不知道是不是还有很多人有像我这样的感觉：

总是会莫名地患得患失，纵使自己知道有些无理取闹，但就是想证明自己的重要性；明明是依赖，却总是憋在心里，表现出无足轻重的样子；明明是在意，却要表现出毫不在乎的样子。

朋友说，我们都是缺乏安全感的人。

其实，我们选择努力工作，奋力拼搏，选择一个可靠的爱人，谈一段甜蜜的恋爱，都是为了寻找一种"安全感"。

张晓风说：在"安全感"这三个字里，"感"字似乎较其他两字占的分量更为重一些。这亦如我们，经常靠获得安定的工作、优厚的薪水和厚实的肩膀来获得安全感，但事实上，我们并不注重工作、薪水和肩膀所可能发生的关联，只是习惯地觉得拥有了稳定的工作、优厚的薪水的"感觉"是那么的敦实、可靠。

其实，安全感，首先来自对自我世界的信任。无论你的遭遇与所处的环境是好是坏，只要你信任你所在的世界，当然包括你自己，你便拥了安全感，反之则无。

我明白了，与其担忧当下，患得患失，不如现在好好努力。在青春这条路上，唯有奋斗才能带给你踏实的感觉，唯有不断地向前，才能在自我的世界中找到信任感。

不要轻易把梦想寄托在别人身上，也不要太过在乎身边的耳语，因为你是你自己的，你不是谁的一生的续集，更不是的一生的前传，亦不是谁的一生的外篇，只有你自己能对自己负责，外人负不起这个责任。未来是你自己的，只有你自己能给自己带来最大的安全感。在什么时候，都不要忘记自己要完成的目标，要做的事情，别忘了自己要去的地方，不管那有多难，有多远。

其实，想想看，没人在乎你一路上的表情是否受欢迎，大家真正关注的，是你是否真正走到了终点。当你在犹豫的时候，这个世界就很大；当你勇敢地踏出第一步的时候，这个世界就极小。等有一天你变成了令自己满意的自己的时候，谁还会质疑你的选择是否靠谱，你的过程是否难堪呢？你已经成为了一个更好的你了，你也一定会遇到更好的人。

重要的是，无论你做出什么样的选择，你都要听从自己的灵魂，对得起自己的内心。很多年后当你再次回想起来，唯一让你觉得真实和骄傲的，是你昂首挺胸用力走过的人生。

生活是最实用的教科书，
它能让你成为你想成为的人

我住的地方是个小世界！房主把一个 120 平米的大房子，用木板隔成很多几平米的小房间，我和十几个同龄人每人一间，共用一个卫生间，一个厨房，好不热闹。

住在我隔壁室的是一位和我年龄相仿的年轻人，因为长得比较胖，大家都叫他小胖！

下班后，总能听到他的无休止的抱怨：自己的命真不好，搭公共汽车总被门挤，在单位老挨领导骂，被同事当笑料，喝凉水都长胖。

我很想劝他，他确实单纯可爱，热情大方，憨厚爱笑，对人从不设防，也从没什么坏心，但他总是紧绷着脸，愤怒地瞅着这个世界，却不知我们和这世界一样，喜欢他这憨厚的小模样。

我对面房间住的是一位长得不好看的姑娘，总听到她在与别人打电话时的叫嚷：我知道自己胖，交了男朋友也会被嫌弃。如果我高挑苗条，有着那个谁谁的天使容貌，我一定不会落到今天这般卑微痛苦的境地。

住在厨房对面小室里的一位刚毕业的年轻人，每天下班总能听到他喊累。

总之，一到晚上，这里就成了大家发泄情绪的最安全的"阵地"。

住在房屋最西边的是一位漂亮的女孩，上名校，进名企，尽管和我们挤在一起，但每天早上看她的打扮永远是那么得体，神采飞扬，生活得总是风姿绰约游刃有余的样子，总有那么多的崇拜和拥簇。其实，到晚上，你才能发现她不为人知的一面。她每天晚上都挑灯苦读，每天早上五点多钟起床背掉那一本又一本的单词书。每周末，都会去练习瑜伽、做美容、练舞蹈，以保持良好的形象。她年纪轻轻的便成为公司的业务主干，刚刚被晋升为业务经理。一次，她拨开藏起的白头发，告诉我，瞧，光彩的另一面都藏在这里呢！

她告诉我：生活这场表演，需要百遍的练习，才能换来一次美丽。

生活给你一些痛苦，只是为了告诉你它想要教给你的事。一遍学不会，你就痛苦一次，总是不会，你就会在同样的地方反复地摔跤。

生活是最实用的教科书，只要经得起摔打，它可以让任何人成为想成为的人。

不要以为只有你倒霉、不顺、遇挫、郁闷，仿佛永远看不到未来。

不要以为只有你有解决不完的问题，说不尽的烦恼，逃不掉的郁闷，等不来的好运。

不要以为大家都是等着天上掉好运，砸到你，从此就会衣食无忧，不用努力就很安逸，等着让人来羡慕。

不用任何付出就有回报，这样的人有没有？有，但真的少之又少，而且最为重要的是，这样的好运轮不到你。

人生总是问题叠着问题，让你不得喘息。奋力向前奔，可能会头破血流，也可能闯出一番新的天地，但是不勤奋地拼一下，就只有混吃等待被淘汰。抱怨不能解决任何问题，所谓的好命，只是在于自己的选择罢了。

回头望去，谁不是一路的血迹斑斑？

其实，没有谁是躺着成为谁的，每一个成功者在成功之前都是不甘平庸的奔跑者。只是在每一次出场、竞争、奔跑的当口，闭上眼睛，想起这一路鲜活的记忆，很充实，已经尽力，不遗憾，因为活得太用力而记得那么清晰，不由自主地对着过往的一切微笑起来：已经无愧于心，其他的只看天意。

生活的主题是：面对复杂，保持欢喜

经常与朋友喝茶聊天，谈论最多的不外乎如何摆脱寂寞，怎么打算未来，怎么实现梦想。

面对这些复杂的生活问题，至今我还没有明确的观点和态度。直到一个周末，和朋友到酒吧逍遥，看着舞池中张扬的狂欢，我猛然明白：这个世界随时在"变"，那些你拥有的，总有一天会失去，那些你喜欢的，总有一天会不喜欢你，那些所谓的梦想也许根本实现不了，那些曾经以为无比重要的，总有一天会变得无足轻重。不过，这些其实都没什么，很多年来，唯一让你能够忆起的，只是那些令你刻骨铭心的经历。

孤单是一个人的狂欢，狂欢是一个人的孤单。也许，在狂乱的环境中，人更容易清醒地看清楚人生和生活的实质。

几米说："你不要想以后怎样，以后是以后的事。人生不过百年，幕起幕落而已。"我们也许从来就无法摆脱寂寞，在一无所知的世界中，也看不清未来，也不知道为何要如此努力，去实现梦想，可是我们依然在做，只为了在这个过程中获得欢喜！积极生活的主题莫不是这样子的么：面对复杂，保持欢喜。

其实，一个人从呱呱落地的时候就伴随着哭声并且还紧攥着拳头，短短几十年之后，就在别人的痛哭之中伸开手离开这个世界，来去都赤条条的。这一生一死的意义就在于过程，过程中的风景，过程中的梦想，过程中的希望，过程中的努力，还有过程中的失败、失望乃至遗憾……不管是成功、喜悦、梦想、激情，还是失败、痛苦、绝望，都是生命的一种经历，都散发着绚丽的光彩，所以，积极的我们，要在看穿生命的实质后，好好地把握每一个瞬间，而不要太过在乎所谓的结果。

花开花谢是一个过程，生命荣枯也是一个过程。过程，能让苍白的生命平添一种美感和乐趣。人生的乐趣蕴藏在奋斗的过程中，生命的真谛在于细细品味岁月、享受人生。我想只注重结果不看重过程的人，是很难享受和体味到这其中的乐趣的。

将"梦想"置换成现实

偶然看到一句话:每个优秀的人,都有一段沉默的时光。那一段时光,是付出了很多努力,忍受孤独和寂寞,不抱怨不诉苦,日后说起时,连自己都能被感动的日子。

我感觉自己的生命流淌到现在,有好多这样的时光,但自己仍旧还不是一个优秀的人,甚至还不和"优秀"沾边。每个优秀的人,都有一段努力的时光,而并不是每一个努力的人,都能成为优秀者。

在朋友空间看到一篇文章,说的是一位三十多岁的口译老师,长得漂亮,打扮入时,口译功夫很是了得,每天都把时间安排得很紧凑。那位老师,原本是有学历的,本职工作是一家公司的公关部经理,儿子五岁,她每天上班,做家务、带孩子。与多数人不同的是,她拥有人事部二级口译证书,每个月都会有天南海北的会议翻译任务,并且还兼任这家口译中心的导师。

她的博客,已经更新了五百多页,有两千多个帖子,全部都是每天她自己做口译练习的文章,平均每天两篇长的一篇短的,她坚持做这件事已经快十年了,非专业出身的她因为爱好英语而一直努力。

　　这位老师说，十年前，她曾经看到一份调查报告，一个人如果要掌握一项技能，成为专家，需要不间断地练习一万个小时。当时她算了一笔账，如果每天练习五个小时，每年 300 天的话，那么需要七年的时间，一个人才能掌握这项技能。她说，幸运的是，我知道自己想掌握什么技能，于是便立即投入地干起来了。我没有五个小时的时间，每天只能学习三个小时，现在已经快十年了，我觉得自己差不多已经掌握了这项技能。

　　这篇文章让我感触颇深，一个人要掌握一项技能，至少需要七年的努力和坚持。而我们，又有谁能坚持去练习一项技能呢？

　　我们总是哀叹现实把自己的梦想给湮灭了：大学只学了自己并不喜欢的专业，毕业后只能从事与专业相关的工作，那些梦想、喜好，哪里有时间和精力去经营？可是，如果从初中算起，12 年的学校教育，就算你学习一门技能每天用三个小时，一年三百天，你也有 1.08 万个小时。也就是说，你如果能坚持，在你走出校门的那一天，你已经成为那一行的专家，早已梦想成真。

　　即便我们平常人能坚持做一件事十年、20 年，甚至一辈子，仍旧平庸，是因为我们没有对所做的事情投入足够的热情和精力，只是为了应付差事，或者把注意力都用在琐碎的小事情上了，把人生给荒废了。

　　一句话曾经触动了我：时间在流逝，你每天重复重复再重复的那些行为，就是在塑造你，你不想成为什么人，可是你注定会成为什么人。每天五个小时，如果你是用来看韩剧、网页、聊天，那么七年后，你会变成一个生活的旁观者，你最擅长的就是如数家珍地说起别人的成功和失败，自己身上则找不到任何可说的东西。

所以，年轻的你，一定要学会从现在开始，给梦想列一个简单的实施战略，来保证它的实现。

试试，这是步骤，按照下面的要求建立一个列表：

每天专注写作三个小时。

将"梦想"替换成你要实现的梦想，不管这个梦想多么难以置信。

这是每天的任务清单，你要在每个项目上标记完成的标记。

也就是说有一点你要牢记：明天只有这两件事完成了，才算结束。

如果你天天坚持下去，我相信你将会有一种顿悟，实现进度是多么容易的事。在任何可以想象的想法上，如果你能保证一定量的可衡量的使你梦想实现的进展，这个等式将被成功验证。

同时你将在下一天完成同样的练习，一天又一天如此。长此以往，在每一个可见的小小的进展下，你将完成一个伟大的突破。

另外，三个小时只是个最少的时间。当你长期持有这个梦想，你会花更多的时间，从热情晋升到业余工作，甚至成为全职梦想工作。但是，记住，只要去做，没有什么能阻挡你。

年轻时，做过的那些极尽疯狂的事

有人说，疯狂是青春的专利，所以，有些事在年轻时不做，以后就再也没有机会了。

朋友说，25 岁之前一定要做至少一件疯狂的事。

我说，至今为止我一件疯狂的事也没做过，这可真够疯狂的。

一次，在贴子中写下了这样一个标题：年轻，一定要做的那些极尽疯狂的事……

几天下来，看到回贴无数：

（1）疯狂地迷恋过一个异性明星，观看了一场关于他的超赞的演唱会；

（2）有一个可以随意耍无赖、闹脾气的异性死党和一个无话不谈的闺密；

（3）经历一次说走就走的徒步旅行，去一个想去却一直没机会去的地方；

（4）要看一场感动的电影，然后在电影院里放声大哭；

（5）玩一整个通宵，至少要酩酊大醉一次；

（6）要谈一场极尽疯狂的恋爱，主动追求一个自己喜欢的人；

（7）不顾一切去一个小岛冒一次险；

（8）高考的前一天突然不想考了，然后考试那天在外面晃了一天；

（9）四个人去海边玩。两男两女。半夜两点，四个人手拉手往大海里冲。然后被浪头打回来。一次一次，乐此不疲。

（10）高三的时候离开家和同学外出学习，去了离家几千里远的城市；

（11）12月的雪夜穿着裤衩、人字拖、T恤和朋友打雪仗；

（12）坐车从早上坐到晚上，只为熟悉一下交通环境；

（13）半夜骑车去烈士陵园玩儿，结果迷路了，在那里过了一夜；

（14）考试时交一次白卷，结果从班上的第一名成了倒数第一名；

（15）在生日的当天，给曾经的恋人打了通宵电话，然后大哭一场；

（16）高考的前一天，狂打电脑游戏，玩了个通宵！

（17）上班后，把自己所有的积蓄，大概有十万多元，都存在一个卡上，怕忘记密码，用笔把密码写到了后面，然后去逛街，怕卡丢了就把它放在一个买衣服的手提袋里，回家后那个手提袋被女友扔进垃圾堆里。从来不爱做家务的我们，却发现垃圾堆清理得比平时要干净几倍。一夜无眠，次日一早去银行说明来意办了挂失手续，苦等七日失而复得，终生难忘！

（18）千里走单骑，流浪中国南方半个月！

（19）和网友恋爱，后来知道是一个学校的，在学校贴了十几张手绘海报寻人，可能声势太大，再也联系不到她……

（20）大二期末的时候，连着熬夜15天。只有三个晚上睡完整的觉。看了英文版《生化》及中文版，背完了《人体解剖学》，看了八百多页的《细胞生物学》，背了《教育原理学》，以及各种生物类专业课的书，然后下个学期可爱的辅导员表扬了俺进步大大的。

（21）18岁生日，全宿舍的一群女生买了烟和酒，全部都尝试了一遍后，到学校里去，专去学校里从来没去过的地方逛，比如没人的男厕所等。

（22）绘画写生，跑到碛口古镇，那里是真正的黄土高坡。18个人，九男九女，在黄河边上围着篝火玩真心话大冒险，一个个的把人往死里整，真是玩疯了。但是气温不是很高，一群女生差点没把男生踹进黄河里，有点遗憾，但是真的很开心，极美好的回忆。

……

极尽疯狂的事，都记录着我们年轻时的足迹，是属于青春的"专属"事件……

与爱情密切
相关的年纪叫青春

苍白的感情史，连青春也没有

我今年 24 岁，还未曾经历过爱情。

高中的时候，我想：高考为重，何况考上之后又天各一方，又没结果，等到大学有大把的时间再去恋爱吧。大学的时候，我想：未来是那么的虚无缥缈，我长得不帅，又不是名牌大学毕业，又没实力，能给女孩子什么？还是算了吧。终于工作了，我想：没房、没车，收入又不高，拿什么给人家幸福，再奋斗两年再说吧。

我一直觉得，我做的每一次选择都比同龄人要聪明和理性得多。爱是一种责任，没有做好充分的准备，自己哪里有能力承担？

我一边努力让自己变得更好，一边默默地等待着那个人的出现。这难道不是一个理智的男人的行为？然而，有时候，在孤单、寂寞的时候，我也很焦虑：让我等了那么多年的她啊，你究竟在哪儿？

偶尔也会找朋友发牢骚：我固然外形不帅，但读书不少，努力工作，性情温厚，又不缺乏幽默感，为何总是找不到合适的女朋友？朋友安慰说：这种事急不得，可遇不可求，耐心等待，总会有的。我也颇以为然。

直到有一天，我与一位同事聊起我苍白的感情史，他突然说：你呀，连青春都没有！那一瞬间，我感到灵魂深处猛然被什么东西击中。我突然明白，我似乎计算和规划好了一切，却忘记了青春、激情和爱，这些东西是无法用尺度去衡量的。也许，这个世界上压根儿就没有什么合适的人。看似天造地设的一对，当初可能全然地不合拍。然而，自从有了爱情，他们开始把对方当作生命中的一个重要的部分来对待，努力向彼此靠拢，彼此适应，最终才成就了今天的模样。也许你觉得，你现在的条件根本配不上人家，但也许，对对方来说，人家根本不在乎你的"条件"，而只要你温暖的笑容和温暖的怀抱。

在这个现实的社会中，爱情的确被赋予了太多附加的东西，以至于连真心相爱的人都需要不断地磨合。过于理智的思考，只会将自然激发出来的冲动的热烈消磨殆尽。我们总是顾虑今后的婚姻是否幸福，却忘记了，爱情才是婚姻最不可或缺的前提。我们总是以为有了稳定的物质基础，爱情随之会来，却忘记灵魂的投契才是最可遇而不可求的缘分。

人类终究是依赖情感的生物，而感情只能用感情来交换。我不敢说，真心的付出一定能够获得回报，但我却相信，爱的温暖可以融化最冰冷的灵魂。我不敢说，有爱就一定能幸福，但至少，当你回顾青春的时候，不会只看到一片苍茫的空白；当你步入暮年，回忆往事的时候，回忆生命中最美好的年华的时候，你可以骄傲地说：我有过遗憾，但我却并不后悔。

我们都在忙着结婚，却没时间恋爱

无爱情的苍白青春，顿时让我感到惶恐万分。

为了寻找缺失的爱情，我决定去相亲。经一个同事介绍，我加入了一家单身俱乐部，填了个人基本情况，留了电话号码，惶恐不安地等候音讯。

其实，在返回家的路上，我就有些后悔了，觉得极其不靠谱。可除此之外，我再也没有更好的方式去结识适婚的异性了。

那段时间，我的脑中总会不由得去想象，第一位和我见面的女孩子的样子，总是会幻想第一次与她见面要说的话。

五天后，终于有了音讯。

我真的要去相亲了，去见一个我从未谋面的女子。

那个周日的午后，钻出暖和的被窝，洗罢脸整理一下衣服，为了去赴一场相亲，看到窗外的黄叶翻飞，突然觉得后脊梁骨一阵发凉。我不断地问自己，我这是要去干什么？相亲？好滑稽的词汇。

套路我懂，也和曾被家里逼去相亲的好哥们儿商讨过。介绍着自己，打探着对方，用堪比菜市场挑菜般的思维速度判断出此人是否合适自己，是否要继续交往。

我让一个哥们儿一起帮我参谋。我对他说，我其实讨厌这样，赤裸裸地与对方谈婚论嫁。哥们儿说，那你要怎样？你还以为这是在大学呢，可以大谈人生，谈理想？男的有房，有工作，最好还要有辆车，能显示出你不是一个差劲的人；女的不难看，工作说得过去，就可以开始了。我感到有些紧张，不同的工资收入，不同的家庭背景，不同的择偶档次，基本就如明码标价一样，彼此付得出对方想要的价码，彼此不讨厌就先接触着，相亲不就是这样吗？哪有那么矫情？谁的青春耗得起？

与女方见面了，她叫小菁，长得不难看。在一家咖啡厅见面，我们聊的基本话题就是工作、收入，其他的也没什么合适的话题。

末了，哥们儿问我怎么样，我说：还可以，就是没感觉！

"感觉？你以为你在演电影啊，一见钟情那是电视中才会有的。条件能接受，就试着交往吧，至于感情嘛，是需要慢慢培养的。"哥们儿吃惊地说。

我有些无语。

我明白，相亲见第一面，感觉并不是最重要的，重要的是"条件"！我们抓着残存的青春尾巴去相亲，在未见面之前，对方的个子、职位、车子、房子是否合自己的要求成了最为基本的考虑因素。我们懂得了诸多结婚必须要准备的东西，我们时时刻刻都在准备着即将牵着一个人的手走进婚姻的殿堂。但是我们却忘记了，婚姻，最需要的是爱情，而不是"条件"。当我们都直奔婚姻的目的而去，那我们的爱情呢？

最美的爱情，总发生在不懂爱的年纪里

与女孩结识后，开始了正式交往。

她在北京西城区一家教育企业做咨询员，而我在北京东城上班，因为距离，见面不是很方便，于是每天只靠发信息、打电话互相了解、培养感情，只有在周末才能见面，陪她逛街、聊天、喝咖啡。

就这样，我和她持续着不温不火的恋爱关系。

一天早上，一位同学突然打电话过来，说要与女友结婚了，老家相亲认识的。他们的恋爱持续了半年多。

他问我：你上次相亲见的那个女孩子也不错，交往差不多，就抓紧先把婚结了吧。

我一愣，"结婚？"可怕的词汇，在我有生之年，还没有充分的心理准备去迎接它。我告诉同学，没有培养出真感情来，拿什么去维系婚姻？

朋友听罢，戏谑地说了一句富有诗意的话："年纪不小了，该干吗就抓紧干吗，别一头扎进美丽的忧伤中，一边拼命往里钻，还一边喊救命。"

是的，我那么说，显得很矫情，很空洞，也很无趣。同学和相亲的女友能够走进婚姻，怎么可能没有感情呢？但是，我不明白，那样刻意培养起来的感情是真正的爱情吗？

如果匆匆忙忙结识大半年就彼此牵着手走进婚姻的感情是最为真挚的爱情，那么，在学校的时候，那位曾经让你辗转反侧、泪眼婆娑的女孩，你们之间的感情又是什么？

同学说，那时太过幼稚，还不懂什么是爱情。是的，那时的我们的确幼稚，那时的我们确实都不懂得如何去爱，可我们还是勇敢地去爱了，我们考虑是否接受对方的唯一条件就是我是否喜欢对方。

那时的我们浓烈地爱过对方，一朵玫瑰花、一包小零食、一件小礼物、一个笔记本，哪怕是一起去学校食堂吃过的一顿饭，一起在林荫下散步的情境，都无不承载着彼此的深爱和甜蜜。那时，我们还不懂结婚的必需品，但我们却单纯地真挚地爱过。

也许是因为那时我们还不懂得爱，但我们有过欢喜，有过伤感，有过没心没肺的大笑，也有过歇斯底里的吵闹。为了也许现在都想不起来的什么原因，我们彻底地吵翻了，落泪了，分手了，受伤了。但哪怕是吵架都吵得那么深烈，其实心底最想表达的无非是：你知道我有多爱你吗？

在不懂爱的年纪里，遇到最美的爱情，就意味着要错过，只能让你一辈子去回忆，不可能有未来！

　　可是，如今的我们，却不懂什么是爱情，在明码标价地认真挑选后，便拉着对方的手迈入婚姻。这样的婚姻，能经得起时间的考验与平淡流年的冲洗吗？

　　我顿时困惑万分。

总有一个人给我们伤痛，也让我们成长

几天前，一位哥们儿打来电话说，他恋爱谈了近八年还是分手了。他今年已经 32 岁了，正当年，我们都为他担心，八年的恋情付之东流，谁的心会不痛？那阵子他看起来像没事人一样，我们以为他根本对此不在意，结果有一天他喝醉了，莫名地蹲在墙角里哭了许久。

第二天他醒来，对我说了一句特文艺的话："其实，在这个世界上没有一份感情不是千疮百孔的。"

在世间行走，生活处处充满了无奈。

你喜欢一个人，却明明知道你们不能白首偕老，却还要在一起，事实却让人无法改变。恋情是如此，我们的梦想、事业无不如此。事实上，当我们置身青春时，却不自知。我们总是任性而为，总是随心所欲，不考虑未来。这样的徒劳无功，在于你无论怎么过都是挥霍，等到以后回想起来，都会觉得遗憾，把大把的时间都浪费掉了。但是，却又充满了美好，直到我们偶尔回想起来，都会嘴角泛起微笑，感叹"那时候的感觉真好"！

坐在我工作桌对面的女同事，今年 38 岁，结过婚，在孩子四岁的时候，与丈夫离了婚，我叫她兰姐。作为一个"过来人"，她经常向我解答人生各种各样的困惑。

她告诉我，明明不可能在一起还要谈恋爱，这样是一种不靠谱。然后，极有文艺范的她向我大谈一番关于"真爱"的理论：在爱情里，最好的感觉就是知道某个人，轻易不会离开你。无论彼此间经历过怎样的挫折与争执，最终还是会回到你的身边。真爱，只是两个人给予彼此的一种"笃定"。那些轻易就离去的，纵然会让你心痛不已，其实你可以再回头想想，太容易失去的，并不是属于你的东西。

我不知道她为何要离婚，但我相信，她一定经历了一次人生的蜕变。她说，爱情最大的悲哀是你爱的人不再爱你，然后，分手，痛苦，再见，再也不见！如果你恨他，就要好好地活着，活得精彩，活得漂亮，让他后悔放弃你是他犯下的最大的错！

可是，曾经的那个人真的会后悔吗？如果他曾在乎过你，无论如何他心中对你还是有眷恋的，如果他完全没有用心珍惜过，那么你过得再好，再精彩，都无法让他后悔的。

也许，每个人的一生中，总有一件事，一辈子也不会忘记，却一辈子不再提起；总有一段感情，一生时不时会想起，却一直铭记在脑海里。总有一个人，一世会想起，却永远藏在孤寂的心底，稍一触摸便会疼痛。对于我们漫长的人生，他只是徒劳的，但却让我们进行了一场痛苦的蜕变与成长。

当爱情缺席时，享受一个人的时光

周日，小菁打电话说，她和表姐要一起去逛街，问我要不要一起去。

本打算说不去了，但想到老妈曾经要求我过年一定要带女朋友回家的话后，我又改变了主意。离过年还有不到三个月，这是关键时期，为了让小菁高兴，我坚持要去陪她。

快中午时，见到小菁和她表姐刘馨。相互认识后，小菁便开始炫耀似的夸我："这位主，可不是一般人，你看不透、想不通的问题，经他分析，都会通彻。"然后转向我，对我说："我表姐在感情上遇到了难题，你帮忙开导开导！"

刘馨转向我，露出了浅浅的笑，我也以微笑示她。

因为彼此间不很熟悉，一个下午我们都没怎么说话。晚上，在一起吃饭的时候，便聊了许多，不过都是场面上的话，在临了离开的时候，她问我要了 QQ 号，以示以后常联系。

随后的几周，我们也没聊什么。

有一天下班后，她说她心情很不好，想找我在网上聊天。

正好我也闲着没事，就与她闲扯了起来。

她告诉我，她已经是 30 岁的大龄女子，工作却刚刚上路，每每被领导批评，她并不会像比自己小许多的同事那样，面不改色地说一大堆好听的话来恭维领导。爱情上，更是惶恐，有些恨自己嫁不出去，要拼命地去讨好男友，希望哪一天对方能和她结婚，这样便可以将一颗心安置下来，哪怕是没有房子也好，但男友却一直模棱两可，说等他的事业再上一个台阶，或者将首付的钱挣够。刘馨也很明白，这只是托词，以至于他在她的爱里，慢慢地胆怯，进而烦乱，厌恶。她知道，他并不喜欢她，但却舍不得分手，怕他走了，这一点点的爱也没有人肯给。

就在上周，她终于无法忍受，便对男友"死缠烂打"，希望他能给她这份四年多的爱情一个归宿。她求了又求，他烦了又烦，终于扔下一句"分手"，辞职离开了她。这几日，她心情差到了极点，小菁也请了假，陪她逛街，看电影，吃零食，评点过往的帅哥。她说，这样的时光，对于她已经是奢侈又陌生，再怎么放肆，也无法完全恢复到刚毕业时那种单纯无忧的岁月中去。

从她与我的聊天文字中，可以感觉到她对自己年龄的恐惧、惴惴不安和青春已经走远的慌乱。

我不知道怎么安慰她，便问她：如果爱情、事业和家庭，在你 60 岁的时候如约而至，那么 30 岁，在你的眼里，又会怎样？

她说：当然是青春正好，可以安然地享受和追寻自己想要的东西。

"既然如此，那你为何还要伤心、痛苦、惶恐？爱情，总会来找你的，你现在所需要的就是要安然地享受它来临前的时光，就像享受悄然而止的青春。"我劝解道。

她可能是听了这话，终于有点彻悟了。接下来的日子，小菁告诉我，她的状态好多了，把心思都投入到工作中。

半年后，小菁又告诉我，一个不错的男人已经向表姐告白了。

每个人一生中都会有爱情缺席的时候。我们也许会无比的惶恐和担忧，但这个时候，我们最需要做的，就是安然地享受它来临之前的时光，就像享受悄然而止的青春一样，无需匆忙，不要将就，缘分到了，就一定会遇到生命中的那个他（她）。

我们从不怕爱错，只怕没爱过

小匆，是我大学时班级里的才女。有一天，与她在 MSN 上聊天时，她突然问我："你说该选一个喜欢的，还是选择一个喜欢你的结婚呢？"她出身于书香门第，博览群书，但终究无法解决现实问题。

我踌躇再三，对她说："我会选择一个我喜欢的。"她说，那岂不是很容易受伤？其实，依照我的个性，我一定会说"我从不怕爱错，只怕没爱过"之类的话，但我还是做出了明确的选择。

随后，我对她说："女孩子需要呵护，如果是你，最好选择一个爱你的，那样会安稳些，也会比较幸福一点。"

她说，选择一个自己喜欢的，害怕受伤害；选择一个喜欢自己的，却不甘心。

她说，年龄已经摆在那里了，拖不起了，但这个问题真让人纠结。

她是一个有思想有梦想的女孩，在学校的时候，她会经常向同学宣扬她的主张：梦想比什么都重要。当时的她一心想读研，在专业领域做出一番成就来。然而，毕业后，她却因为男友的原因，放弃了梦想，在男友所在的城市找了一份普通的工作，等待着进入婚姻。

对于一个感性的人来说，总是更容易相信爱情，在乎自己当时的感觉，在人生的十字路口，连梦想也会为爱情让路。

后来，因为种种原因，她与男友分手。她说，如果现在让自己重新选择一次，她一定会选择去读研。

奈何梦想不等人成长，就已锈成了过往。现在的她，只能做一个普通的人，从事着普通的工作，嫁一个普通的人，经常会在该选择一个我爱的人还是爱我的人等等的小问题上纠结不已。

这便是青春！无论失去的，还是获得的，它终究是用来怀念的。就像小匀，无论是拿青春去赌爱情，还是弃爱情去实现梦想，曾经的曾经有多么的绚丽，可最终存留下来的仅仅也只是一份回忆。你嫁（娶）的不一定是你一直想要的那个人，但最终我们收获的是，正是失去的那个人，给年轻的岁月注入了鲜活的生命，涂上了亮丽的色彩，以至于让我们以后想起来，都会感到激动不已！

不要一味等待

周六的夜晚，和三四个朋友在一家小餐馆聚会，恰逢冬日，窗外低声嘶吼的风声让室内的温暖显得格外让人依恋，那是个适合讲心事的气氛。

叶倩说：最近有两个男人在追我，年轻的富有锐气、有活力、时尚、青春，却没有太多的事业心和物质基础；而年龄稍长一些的，则有物质基础，对事业和未来抱有野心，但却缺乏令人动容的相貌和青春的活力，成熟、稳重，说话能恰到好处，逗人开心。好像一直以来，我遇到的人都是如此，所以我不知道该如何选择，不知道是自己太过苛刻，还是我真正的白马王子还没有来？

你不知道如何选择了。似乎每个女孩子在年轻貌美的时候，都会遇到诸如此类的问题。我微笑，把头转向坐在我旁边的男性朋友："涛，你应该最有发言权。"

涛沉吟了一下，说："其实你根本等不到你要等的人，包括我，我们任何人都等不到。"我听后有点微微地震动，可是想了一下，便马上认同了涛的话。

正如张爱玲所说，在时间无垠的旷野里，我们中会没有早一步也没有晚一步，恰恰遇到彼此。这就是命中我们注定要等的那个人吧，所有的人都曾执着于这一个念想。

你可以闭上眼睛想一想，你要等的那个人的样子，是不是完全符合年少时期对爱情的憧憬，还有成年后因着现实而做出的修改？我们凡能够想到的优点，都希望对方能够拥有。可是，请你冷静地想一下，上帝真的给我们每一个人都准备好了完美无缺的另一半吗？就算真的有，他会随着我们的对伴侣要求的改变而随之发生改变吗？

想想你的经历，看看我们的周围，有谁能够十分肯定地告诉我们：我的另一半完完全全具备着我现在想要的一切优点？没有。

即便是恋爱中我们眼里的彼此都是完美无缺的，婚后也会有"他（她）怎么像变了一个人"这样的疑惑和感慨，那是因为爱情的盲点在婚姻里会被放大无遗。

所以，我，还有你，以及周围的人，谁也等不到自己想象中的那个人，这并不可怕，至少我们可以把爱自己的人，变成要等的那个人，也把自己，尽量变成对方心中所等的那个人的模样。

最近在微博中看到一句话：在青春最好的年纪，你可以爱一个人，但不要等待一个人。你可以毫无保留地爱人，就算爱错了，摔倒了，大不了拍拍灰尘继续往前走。但千万不要停留在原地，毫无期限地等待某人。等待的往往不是爱，而是纠缠虚耗。青春拥有的就是激情，激情耗尽了，人也就老了。

　　我对叶倩说，我们不能再为选择谁而纠结，也不要去刻意等待生命中的白马王子，学会遵从内心的意愿，勇敢地去选择，去爱，那么，你的所有的决定都是正确的。

那些年，我们曾经经历过的爱情

那些年少时的爱情，就是欢天喜地地以为会与眼前人过一辈子，所以总会预想以后的种种，一口咬定它会实现。直到多年之后，当我们经历了成长的阵痛，爱情的变故，走过万水千山，才幡然醒悟：那些年的甜美时光，只是上天赐予自己的一场美梦而已，是为了支撑自己坚强地走过冗长的一生！

那些年，我们是否都经历过这样的爱情：

1. 默默地喜欢上她，却不敢说出这份感情，一直将它默默珍藏，无论她多么的骄横，无论她多么的不讲道理，无论她让你气上多少次，你都一直在让着她，你明白你现在给不了她什么，你明白现实比爱情残酷，你明白，等你能够给她想要的东西时，你才配去爱她……最后，当你鼓起勇气去找她，去寻觅每一个她可能在的角落，想跟她说明白一切时，却发现她的身边，已经有了一个能够让她幸福的人……

2. 那些年，我们每个星期换一次位置。于是，轰轰烈烈搬桌子，挪书本，计算着与心上人的距离。那些年，上课时总会偷偷望向喜欢的那个人。时光过去，留下的是美好的记忆。

3. 当年，你一看见他就有一种心如小鹿乱撞的感觉，每件事物都会莫名地使你想起他，心里想着他，但又从来不敢正眼对视他！经历了初吻，失恋后，终于明白，爱是极为美好且值得信仰的东西，但爱也是会伤人的。经历了一切，才发现：即便你们结束了关系，但那段感情仍旧会留给你最美好的回忆，痛苦也在慢慢变淡。那是多么刻骨铭心的一课！

4. 中学时，悄悄喜欢上一个男生，结果男生也向我表白了，而我却拒绝了他。

5. 按捺不住内心的激动，给班上暗恋的女同学写了一封情书，然后撕成两半，扔进垃圾筒，仍旧被其他同学找到拿出来在班级上朗读。从此以后，那女生再也没理过我！

6. 喜欢班上一个女孩，但始终不敢当面表白，花了身上所有的积蓄，做了一个横幅挂在学校大门前："某某某，我很在乎你！"结果女孩没追到，却被教导处通报批评了一次。

7. 在平安夜的晚上在当时心爱的女生宿舍楼下放烟火（指的是那种很大的烟花），然后打电话给她，在电话接通的那刻烟花燃起。

8. 喜欢青梅竹马一起长大的男孩，因为朋友间的义气，不能告白。一次，他告诉我他喜欢上了我的一位好姐妹，我口头上坚定地表示：一定帮你追到她。可是，心里却不是很清楚是不是真的希望他能追到。

9. 他总是喜欢在我的名字前面加一个阿字，我说加个"阿"字名字变得好难听噢，他笑笑说这是爱称。后来，我们在一起了。一天，闲来无聊翻看他的手机，电话簿里出现的仍是带阿的名字。我问为什么不改成老婆或宝贝之类的，他无奈笑笑：我手机没有特别联系人的功能，前面有一个阿字，就可以排在第一个了——第一个呐……

10. 喜欢班上一个成绩优秀的男孩，成绩差的我只能在背后默默关注他，并拼命努力，希望有一天，他能注意到我。经过一个学期的努力，我终于奇迹般地考了全班第三名。

青春的色彩如此丰富，红与蓝正是两种心境的端口，映射出青春的悸动和不安。很多人在回忆自己的这段岁月时，总会说自己那时太年轻，根本不懂得什么是爱。可是何时才能成熟，终究还是不知道。其实，在这段岁月里的所有人才是最值得爱恋的人，我们拥有最真实的激动、笑容，有最真挚最纯洁的感情。可当我们明白什么是爱的时候，一切却结束了，我们青春不再，垂垂老去，留下的只有责任感。当我们满怀喜悦的惆怅的成长已经成为一个可以被讲述的故事时，才发现曾经从未遵守过任何一个誓言，但确实真真切切地爱过。

爱情的路上：快乐着、伤着、痛着、犹豫着、徘徊着……

有些伤，划在手上，愈合后只能成为往事

一天，上班时间把工作完成后，闲来无事，与一位已婚三年的朋友聊天，她向我哭诉：真的后悔当年早早地结了婚，我发现当初对我百般疼爱的老公，现在一点也不在乎我了。这几天，我一直在考虑要不要向他提出离婚，不然漫漫人生路如何走得下去？

我安慰了她几句，让她不要太难过，现在重要的是如何解决问题。

她似乎还是很伤心，说道："感觉如果没了，是很难再找回来的。"

周围的每个人似乎都有过分手的经历：未结婚的因为某次争吵而分手，结了婚也会在突然之间分道扬镳。我们生活在速食爱情和快餐婚姻的时代。有几个不是从青春期就开始恋爱，可是坚持到底，乐享爱情，携手走进婚姻，白头到老的有几个？谈不上深爱，最好的，也不过是跑一场爱情马拉松，几年过后，虽然知道还是牵挂，还是想念，可最后你还是娶了别的女人，我也嫁了别的男人。

分手越来越快的原因，是因为我们根本没有时间与耐心去了解一个人，更没有时间去原谅与守候一个人。在他们蜕变成我们期待的样子（灵魂知音）之前，就已经迫不及待地去寻求另一种刺激，另一种生活了。

有些伤痕，划在手上，愈合后就成了往事。而那些划在心上的伤痕，才是让人刻骨铭心的，而哪几个人的感情是在岁月的打磨下，一笔一划地写在我们心上的？

经营爱情就如同掘井，需要足够的时间去探索、挖掘、守候、等待、痛苦、流泪、坚持、相信。若说非要是什么让人得以改变——是相处，是时光，是年华流逝之间渐生的情感，是磨合后心生的感恩。

可恰恰，如今的我们什么都不缺，最缺的就是时间。有时间去网上冲浪、打游戏、刷微博，也不曾有时间认认真真地去了解一个人。其实，比时间更缺的是去主动了解一个人的欲望与心情。这是为何？是因为害怕，怕千山万水地走过去，却发现那颗心看似金光闪闪，实则是荒野一片。失望是比受伤、流泪更让人疼痛的事情。

从此，很多人都将感情寄希望于缘分，寄希望于一见钟情，继续相信有完美恋人和灵魂知音的存在。我们每天都打扮得光鲜亮丽，希望转角就遇见爱。恋上的每个人，我们都希望他能如何如何，希望他一切都要为我们而生。然而，我们何曾想过，若不曾携手走过一段路，何以携手走一生？

并不是说，男人只要买了好房、好车就能够招来好女人，也并非女人妆饰了容貌，削尖了下巴就可以绑得住好男人。一见钟情与天生一对，这些，在婚姻里，都是极不可靠的。有些事情终如美玉，需要打磨才得以美好示人。有些人终如洋葱，需要一层一层地剥下去，才能够发现他（她）的心。在这个过程中，固然会流泪，会伤心，但换来的却是我们更为坚实、牢靠的，能够风雨同舟、心心相印的幸福未来！

比起爱情，我更相信感情

晚上刚下班回家，小菁打来电话，几句简单的关切性的问候后，便对我说，我发现我已经开始喜欢上你了。我心中一阵欢喜，平生第一次真正开始经历爱情，第一次有女孩子向我示爱，尽管我并不是很喜欢她，可还是有些受宠若惊。

她问我对她的感觉怎么样，我一瞬间真不知道该怎么回答。她在电话中顿了一下，我立即感觉到自己的失礼，便假装激动地回答："你很好啊！"她有些高兴，甚至还有些兴奋，我从她随后的聊天语气中可以肯定。

她问我："你相信爱情吗？"其实，她的言外之意是说，我们是相亲认识的，在相处中培养起来的感觉，是否算作爱情。我告诉她，比起爱情，我更相信感情。

她似乎听懂了，在电话那头笑了。

"你还相信爱情吗？"每个人在遭受到感情的挫折与磨难后，似乎都会被问到这个问题。其实，对于我来说，我不相信一见钟情，不相信金童玉女，不相信海誓山盟。与惊天地、泣鬼神的爱情相比，我更相信"感情"二字，更相信那些相濡以沫、与子偕老、千回百转终成正果的事情。

从遇见到接受，从磨合到改变，再到长相守，经过了万水千山的跋涉，在生活和现实的打磨下，一点一滴地将对方融入自己的生命乃至血液中，成为彼此不可分割的一部分，这样的感情更能让人动容。

从烟花到烟火，你们用了几年？其实，在婚礼上，我们应该发表的感言是：感谢误会，感谢分歧，感谢争吵，感谢偏执，感谢横眉，感谢没有分手。最考验质量的东西，终究是岁月。

我们每个人若求的仅仅是一个玩伴，一个恋人，那就完全可以随意凑合。可以按年龄、身高、体重、月薪、属相、星座去寻，容易得很。你若求的是风雨同舟，求的是心心相印，求的是秉烛夜谈，求的是夫唱妇随，求的是恩爱夫妻共白首，就一定不要以为爱是一见钟情，以为门当户对就可以天长地久的事情。如果不曾经历千回百转，你不会懂得，中途那么多的枝枝蔓蔓，需要的，是你与他在时光里的披荆斩棘与披星戴月。

我懂得了，希望小菁也能懂得！

最深最重的爱，必须和时日一起成长

翻看杂志，这样的一则故事吸引了我：

一对幸福的情侣，女孩很是喜欢吃鱼。两人在一起吃饭时，男孩都会不自觉地把鱼眼睛给女孩吃，以示对她的宠爱。

后来，他们在一个寒冷的冬天里分手了，理由是富有才华的女孩不甘心在这个小城市里过一辈子，做个小小的公务员。她要和男人一样成功，做个女强人，要实现她年少时的梦想。

女孩在外拼搏多年，终于实现了自己的梦想，她拥有了一家自己的公司，可爱情却始终以一种寂寞的姿态存在，她发现自己根本不可能爱上谁。

一次特别的机会，她回到了曾经生活过的小城，昔日的男孩已为人夫了，她应邀去他家吃晚餐。他的妻子做了一条鱼，他张罗着让她吃鱼，他夹起一大块细白的鱼肉放在她的碟子里，鱼眼，却给了他的妻子。这么多年无论多苦都没有掉过眼泪的她，忽然间就哭了。

看到这个故事，心情异常的沉重。故事中的男孩，在生活中我见过很多，身边许多的女性和男性都曾经用心去爱过，也都经历过这样的被放弃，让人伤心。

许多时候，我们才猛然发现：失去的，不会再回来。

我们的爱情总是要比坚硬的现实美丽，相逢亦如是，离别亦如是。我们总以为爱得很深、很深，可是来日的岁月，却会让你知道，它不过很浅、很浅而已。

最深最重的爱，必须和时日一起成长。

人生最难过的，莫过于当初那个对你百般宠爱的人，不再在乎你。那些嚷着要爱情的人，只有在失去或者受伤害后才明白，忍耐是一种深沉的爱，和一个愿意忍耐你的人牵手，远比那些会给你风花雪月的人要来得更为长久。

在任何时候，爱是无须祈求，也无须索要的。最深最重的爱，心中必须要有笃信的力量，这时，爱就不需要被吸引，而是主动吸引。

故事中的男孩为了让女孩实现她的梦想，宁愿放弃感情。可是，他却忘记了，爱不是逃避，是努力。不是逃避着离开给对方幸福，而是努力地实现让彼此幸福的义务。当你说离开是为了不让对方遗憾或者受伤的时候，你已经给对方造成了莫大的伤害。不要因为害怕彼此离开而体谅。爱是一种责任，不可以轻易地离开。

找不到坚持下去的理由，那就找一个重新开始的理由，生活本来就这么简单。如果当初的男孩意识到这一点，那么，故事的结尾也许就没那么沉重。

有些人出现了，又离开了。最后一切回归原点，只是多了一份沉甸甸的回忆。若你失去过一份恋情，不必难过，更不要伤心，只需要明白：你失去的并不是真爱。真正的爱情求之不来，挥之不去。这些纷纷扰扰地城市里面究竟要如何走过呢？也许有些东西永远都不属于自己！

真爱是经得起考验，也需要用时间和现实去考验的。有多少感情，因为距离的遥远，慢慢变淡？有多少感情，因为时间的遥远，慢慢遗忘？有多少感情，因为亲情的干预，慢慢消失？是你的，就是你的，越是紧握，越容易失去。我们努力了，珍惜了，问心无愧。其他的，交给命运。

如何对待自己念念不忘的曾经的恋人

上个月公司来了一个新员工，和我同龄，毕业后在别的公司工作一年后跳槽过来的。她很和善，来公司后，竭尽所能地与所有的同事交朋友。因为我们同龄，比较容易沟通，几次工作上的磨合后，我们便成了很能聊得来的朋友。

一次，我们闲聊时，问及她之前的工作状况，她告诉我，之前她在一家大型的广告公司上班，待遇和工作环境都很好，跳槽是为了"疗伤"，疗爱情的伤。她和男友在高中时就恋爱，两人在一起整整七年。分手后，她一直很痛苦，便辞去工作。经过三个月的状态调整后，她才随便找了工作，和我成了同事。

她对我说，人生真的很滑稽，曾经发了疯地想，现在却拼了命地想忘掉。

我玩笑似的说，想忘掉即是想念，可见你的伤还没痊愈！

"七年的时光，哪有那么容易忘掉的？有时候，我真的很想去找他，但觉得我们似乎已经不可能了。"她说。

"如果还念念不舍，可以试着回头去找找他，毕竟那么久的感情，就这么割舍了，有点可惜。"

"什么，你是让我去吃'回头草'？"她对我的建议感到吃惊。

"'回头草'就算了，'回锅肉'倒是可以一吃。"我说。

"怎么讲？"她不解地看着我。

对于这个问题，我其实也和她说不清楚。但现实生活中，多数人都会遇到类似的问题：面对以前的恋人的告白，该不该复合？

其实，这个问题，古人已经为我们做出了回答：好马不吃回头草。

科学家通过研究，找到了其中的正解：植物具有保护自己的感知器官。当植物受到伤害时会立即散发出特殊的气味，同类植物感知到气味时会使植物本身的味道发生变化，让动物嚼着难吃，甚至中毒。因此，食草动物进食时总是逆风而上，不吃回头草，是为了让自己避免伤害。

在爱情的草原上，为了报复而假意复合的人，便是这样的"回头草"，廉价、难吃，又有毒！

另一些"回头草"，不具有报复性，但他们或为了排遣寂寞而复合，或为了钱而复合，或为了生活的便利而复合……总之，不是为了爱；或者，当你回头时，他（她）已经没有了爱。

为此，回头草千万不能吃，"回锅肉"则不同了！"回锅肉"便是心里总是念着你的好，而且心里没有其他人，虽然爱你的感觉不再轰轰烈烈，倒也清晰可见。

"回锅肉"之妙还不止于此。"回锅肉"从字面上理解，就是再次烹调的意思。第一次肉下锅的时候，肉虽好，但却没做透，不可口是应该的。待到第二遍下锅的时候，加上调料配菜，翻来覆去地炒上一炒，出锅才美味可口！

其实，你们原来的那段感情，就像是生肉才炒了第一遍，还不到火候。要是炒至半熟就丢了，也未免太可惜了。假若心思花得巧，就连剩饭剩菜，都能让好厨子翻新成众人赞不绝口的佳肴，更不要说这顿才做到一半的"回锅肉"了。

川菜是我国四大菜系中最具特色的，而回锅肉正是川菜之首，好吃自然不在话下。

对于你的那个他（她），只要再花点时间和心思，你们就很有可能幸福地生活在一起。

心痒难耐如你，要不要赶紧擦亮眼睛看看，他（她）究竟是草还是肉？

放弃一个人，是为了离开一种生活

接到妹妹的电话的时候，我正在给女友小菁发短信。

她很直接地告诉我："哥，我逃了婚，想到你那边过一段平静的日子，你帮我先租个房子吧！"

我愣了好大一会儿，才回道："为什么？你不是一直渴望与男友结婚吗？"

她笑道："那是以前，现在不这么想了，以后再跟你细聊吧！"

这样一个消息，很突兀，我来不及细想，只是知道，她曾经心心念念的生活计划被一句话给毫不犹豫地抛弃掉了。

妹妹今年刚刚大学毕业，从大二到大四，与男友恋爱了三年。毕业的时候，找的工作都不理想，我便建议她考研。她很坚决地拒绝了，她说她打算和男友回到家乡的城市，等工作稳定下来，就生孩子，过居家小日子。但是，刚才的电话，让我有些茫然。

周日的时候，我去西客站接她。她是满脸的轻松和释然，见到我，给我一个很青春的微笑。我帮她拉着行李箱，直接问道："你不是要过居家小日子吗？"妹妹大笑："嗨，当初还小，不懂事呗。我这么年轻，那么早结婚简直是一种浪费，我想换种方式生活。"

我问她："为了所谓的新生活方式，将一份爱情随手丢掉，值吗？"妹妹想了一会儿，眼睛亮亮地低声吐一句："值！"

我顿时明白，她是因为在小城市过了一段居家小日子后，才猛然发现，自己当初的想象那般美好，是现实让她把过去的坚持完全否决。

固然，人生不一定只有一种生活方式，我们在任何时候都无法为自己的未来保证什么。

她是个理智的女孩，只身来到完全陌生的城市，其实是为了让自己拥有更好的生活，做一个更好的自己。

帮妹妹在我公司附近租了一间房，刚开始的两周，她也并不找工作，只是把自己关在房间里，不怎么出门。一次，我下班去看她，到门口，听到她与朋友打电话，说自己现在的状态不好，有些难受，理由是离开了一个死心塌地爱她的男孩。

原来，她并不是车站见面时的那般淡定、爽朗。也许，在感情方面，每个女孩都有一颗脆弱的心吧！

感情中，越是念念不忘的人，就越是会常常拿起那些旧回忆，用心品尝一下是苦是甜。对于她的行为，我安慰她，既然分手了，想重新开始一段新的生活，那就彻底地淡忘吧！不要时不时地拿出他的影了来欣赏一番，这样是在自寻烦恼。

听了我的话，她耸了耸肩膀，扔下手机，深吐一口气，表示要忘掉过去，开始新的生活。

有时候故人代表的，不只是故人，还有那段我们已经逝去、不成熟的青涩岁月，以及敢爱敢恨的年轻时光。无论是甜蜜的、伤痛的，还是难舍的，有时候我们必须抛开故人的桎梏，才能继续往前进。

希望妹妹能尽快地过上她想要的生活！

在婚姻的门槛前徘徊、纠结的人

周六，对于我这个"起床困难户"来说，是个绝美的享受的日子。

可是，天还没亮，老妈的一个电话就将我从睡梦中吵醒。她扯着那副沙哑的嗓门，说道："娃啊，过年啥时候回家，听说你在京城交了女朋友，什么时候带回家来让我们瞧瞧？我们村的小刚比你小三岁，上个月刚办了婚礼，还有和你一起长大的阿峰，孩子都三岁了，还有……"我睡眼惺忪地边听边应付着，我知道，她的意思是过年把小菁带回家，然后就挑个日子结婚。

等老妈说完，我便挂掉了电话，但是脑袋里依旧是她那沙哑的声音。想起老妈的担忧，我就无法安然入睡。

于是，我下意识地拨通了小菁的电话，她也正在睡梦中。我问她："你想过结婚的事情吗？"话刚一出口，她便触电般似的说："结婚？这辈子还从未考虑过这个事儿呢？"

我笑着与她聊了几句，便挂了电话。

其实，老妈说得没错，按理说我现在也老大不小了，要在以前这个年纪，孩子都满街跑了。看着一起长大的在老家的同龄朋友，都已经结婚生子。可凡是上了大学，留在城市里的，大部分都还在婚姻的门槛前徘徊着、纠结着、踌躇着，甚至一提结婚就恐慌！恋爱谈了几场，每一场都是死去活来的，但就是死皮赖脸地拽着青春的尾巴不肯结婚。

我好好想了一想，可能是心态的问题。

在老家，结婚根本就不是个事儿，一到岁数便找个差不多的、能过日子的人就结了，那时候大家都一穷二白，干脆利索，没人在乎爱多爱少的问题。可城市人却越来越谨慎，什么人品、家世、长相、工作、学历、前途甚至业余爱好没有一样不琢磨的，反复研究，深入探讨，仔细比较，辗转反侧……

与朋友聚会，也曾七嘴八舌地对结婚的问题发表过议论：

"结婚就意味着孩子，自己还是个没玩够的孩子啊！"

"就这么放手青春接下来过柴米油盐的日子，怎么舍得！"

"当惯了儿子，突然让我当爹，我哪里适应得了呢？"

"老爸老妈都苦口婆心说为了我们的终身幸福，但一听到'终身'俩字儿，立马就能让人想到60年后自己老态龙钟的样子，一结婚'终身'就嗖嗖地跑到头了。如果一结婚就真把'终身'定了，那我们以后还活什么啊！"

"我连我自己都不相信，怎么去相信承诺，相信爱情？连自己将来是否会变心都保不准，怎么去要求别人？"

"我周围朋友的婚姻期限，没有超过四年的。拿什么保证我的婚姻就能逃过此劫？"

"那是个围城，不能随便进。一进一出就成二手的了，可得慎重！"

似乎每个人都有足够的理由证明：结婚不是一个聪明的选择。结婚的确是人生大事，虽然我们阅历尚浅，但我们也懂得责任两字怎么写。希望在婚姻的门槛前，每个人都能多珍重，将来不后悔！

当爱情遭遇面包问题

早上刚刚起床，就接到远在深圳的勇的电话。他用极伤感的语气对我说："惠离开了，今天她要与老家的一个人结婚，几年的感情就这样付之东流了。"

我有些吃惊，不敢相信这是真的。勇和惠都是我大学的同学，两人感情一向很好，怎么会……勇告诉我，是因为"面包"问题。三个月前，他们本来是要结婚的，但却因为房子、钻戒的问题发生了争执，一气之下，她就离开了，回家找了有"面包"的人结了婚。

我顿时无言。

面包是爱情世界里的必需品，为生活供给充足的养分，这个道理我懂。身边不少爱情也都因为养分跟不上而死亡。可以说，"面包"是很多小情侣面临的最大障碍。

一位在翻译公司工作的单身朋友，与女友相处几年，仍旧在租来的房子里进行着他们的甜蜜爱情。我曾问他，为什么不结婚？

他告诉我："不是不想结，是不敢结啊！我与女朋友巴不得立即搭个窝生儿育女，可这小窝哪里找呢？都说婚姻是爱情的坟墓，没有房子你连坟墓也进不去！"

他告诉我："婚前女人追求浪漫，婚后都追求现实。在恋爱的时候，你给她一个可靠的肩膀、温暖的怀抱，她就知足；可一到结婚，女人便立即由浪漫主义改旗更张为现实主义，曾经多么温暖多么宽厚的怀抱，都不如钢筋水泥的几分地实在。"

他还告诉我："除了房子，令你发愁的多了去了。什么定金、彩礼、戒指、婚纱照……一样都不能少。就拿戒指来说，从求婚、订婚、结婚，每一步都少不了戒指，而且还不能是一般的戒指，一定得是象征爱情恒远的'钻戒'！求婚时，你可以弄一个铜的、铁的、塑料的，哪怕是草编的，女人那浪漫小情怀一上来就不在乎了，可结婚便不一样了。就是对方同意，你忍心让自己的新娘戴着铝合金戒指跟你进洞房？本来对结婚的美好憧憬就让现实葬送了。"

"在双方恋爱的时候，你可以说不买钻戒，不拍婚纱照，不摆酒席，整一个'三不男人'，您倒是省事了，可有几个女人也想省事啊？反正就是不行，婚纱照一定得拍，而且还要好好地拍，使劲地拍！不拍得倾城倾国我不散伙！"

朋友的话，颇有调侃意味，但也让我明白，爱情确实离不开面包。

如果爱情一定要在没有面包的前提下才能称之为真挚，那么爱情也只能是一种奢侈，因为没有面包的爱情，就像是活在真空中鱼缸里的鱼，即使有水也无法活下去。早在几千年前，庄子所说的"相濡以沫，不如相忘于江湖"就是这种无奈吧！

你是谁，你就会遇到谁

我有一个朋友要结婚了，关系很不错的女性朋友。在高中时她曾是我的同桌，是个极优秀的女孩。

她家在我们那里的县城里，父母都是中学英文老师。在家庭环境的熏陶下，她的英语自然比一般人要好许多，当我们那些乡下来的同学都念着蹩脚的中式英语时，她纯正的美式发音已经能和老外畅快地对话了。

高中刚毕业，她就去了美国，大学毕业就回京顺利地到一家翻译公司就职，收入不菲，日子过得很有情调。其实，在得知她的婚讯前，她还一直向我宣扬她的"不婚"理念，虽然我不赞同她的观点，知道她迟早都要嫁人的，但是从来没想过，她的男友会是怎样的一个人。

一向大大咧咧的她，终于有一天向我们展露了她的小女人情怀：一脸幸福地拿出她那颗价值十万美金的订婚戒指，我才意识到当年那个受诸多男生追捧的女神，要嫁人了。

在这个都市，我的朋友找到了她的爱情。这不是一个灰姑娘遇到王子的爱情故事，至少我的朋友不是灰姑娘，在遇到男友之前，她已用自己的能力在京买了房，购了车；男方也不是王子，父母都是工薪阶层，他白手起家，一手打拼开创了自己的事业！

这样的结合，着实让人羡慕！

朋友去度假，他专门提前预定好酒店，玫瑰送到手心，出门为她预定好车备好司机。男方甚至提出供她继续出国深造。有什么样的伴侣比支持自己成长进步、成为自己强大的助动力更让人心动不已，感激不尽，用一辈子回报呢？

对于朋友的姻缘，她周围的女性朋友也羡慕不已，甚至还有醋意！羡慕她好命，羡慕她遇到了对的人。可是羡慕过后，难免有些黯然伤神。我想，她们也会扪心自问：我怎么没有这样的好命呢？

其实，没有什么天生的好命。我的朋友，她当初为了出国，付出了多少努力，在国外学习期间，吃了多少苦，我不是不知晓。

你是谁，就会遇到谁！

在你未遇到优秀的他（她）之前，你是抱着怎样的心态和心情去对待工作和学习的？列个表，看看自己的工作找不找得到？在工作中，你能做出怎样的成绩？自己的收入是多少？住着怎样的房子？车什么时候买？什么时候可以让父母不再省吃俭用，好好过活？什么时候可以带爸妈出外旅游？

这样想来，答案是，对不起，你没有时间，也没有资格和优秀的人在一起。这个时候，爱神丘比特的神箭也不会射中你，这样想，你就不会问自己怎么没有那么好命的傻问题了。

假如有一天，你果真遇到这样一个男人，那时的你真的准备好了吗？

我想说的是，在还未遇到更好的那个他（她）之前，我们都应该好好地经营自己。只有成为更好的那个自己，才配得上和更好的那个他（她）相遇！

心灵脆弱时，是否会向爱妥协

晚上和小菁一起去看了电影《被偷走的那五年》，她是个感性的女子，被感动得稀里哗啦。我的泪腺没那么发达，所以看完心情依然平和。

一个平静、温和的爱情故事，让我对爱情有了新的感触：人在最脆弱的时候，会向爱妥协。现实生活中，很多情侣或夫妻并不是不爱，只是忘记了爱在我们心底的哪个角落，需要有个精灵去唤醒它们。

一天，在网上看到这样一个短片：

一辆行驶的列车突然在一个隧道中停下了，列车内的灯熄灭，广播说：由于大雨导致列车暂时无法行驶。在一开始人们还能够比较镇定地等着，过了一会儿，雨水便慢慢地渗进车厢，人们便开始慌乱起来。

之前因为相互绊倒而吵架的一对男女，女生哭着说："这辈子我还未经历爱情呢，我不想死。"那个男生便吻住了她；背着公文包，驼着背，带着厚厚的框架眼镜一直在角落睡觉的 IT 男，突然开始拿着救生锤对着玻璃拼命地敲；一个身材肥胖的中年妇女则拿出手机打电话说："老公，对不起……"说着一些什么因为车厢太混乱听不清，只见她泪眼婆娑。

这个短片，虽然只有几分钟，但我却感动了。

当我们心灵脆弱的时候，就会看到身边的爱，然后跟这些爱——妥协。但是，当我们继续过平淡生活的时候，这些爱还是会被沉浸在油盐酱醋中的我们所忽略。

很多吵架说要分手，而后又握手言和的男女皆是如此。当他们在吵架的时候，两个人的负能量都达到了一个数值，导致各自受伤，也是心灵最脆弱的时候。只要这个时候，回忆起来的不是伤痛，而是两个人之间甜蜜的记忆，又或者是一个人带着另外一个人去回忆当初的美好，唤回他们当初那种爱的感觉，两个人就会有很大的几率和好如初。

曾经看到过这样一段故事，两人因为矛盾而过不下去，然后就离婚了。但是，妻子有一个要求，是说结婚的时候，你把我抱进门，离婚的时候，你还得把我抱出门，时间为一个月。当丈夫抱起妻子的时候，才猛然发现妻子身上散发的香味是那么清新，勾起了他对初恋的美好回忆。之后的几天，丈夫又发现妻子脸上的皱纹，觉得妻子这些年来为自己和这个家付出的确实太多。在一个月中，这亲密的拥抱都勾起丈夫对过往美好日子的回忆。最终，两人重归于好，重拾幸福婚姻。其实，两个人在要离婚时，各自的心灵都是比较脆弱的，但是往日甜蜜的回忆，唤醒了他们心底最深处的爱，所以，他们向爱妥协，两人又和好如初。

生活最重要的不是脆弱的时候是否会向爱妥协，而是我们应该要在脆弱的时候，找回那一份爱的美好的感觉，尽量地不让它再次流失。

人生是场荒芜的旅行，
冷暖自知，苦乐在心

那些落寞的瞬间，与年轻有关

青春的天空，并不是晴朗的。青春的季节里，似乎每天都有细雨的淋漓。虽然我们狂热地追求梦想，努力地工作，尽情地谈恋爱，但是，落寞，总会在你不经意间敲打你的心。

又一个周末，不想约朋友，不想敲文字，心情突然变得很失落。

清晨起床，家中空无一人，给自己泡了一杯茶，喝着暖暖的热气的茶坐在阳台的沙发上，随手翻开旁边厚厚的书籍，冬日的阳光懒洋洋地照在身上，周围一片寂静安详，不知不觉中，再次睡着，轻声地打着呼噜，如同一只懒猫。

睡觉时，做了一个梦，梦见我爱的那个她转身离开，便哭泣着从梦中醒来，看着空荡荡的房间，很想给小菁打电话，但拿起手机，却又随手放下。一个人静静地走到洗脸台前，看着镜中的自己，脸色苍白而憔悴，一瞬间顿时泪流满面……

上午时分，独自在街道上游荡，看着街上熙熙攘攘的人群，突然感觉，那些欢笑着的，忧愁着的，平静着的脸孔，都不属于自己，我只是一个过客，什么也带不走，什么也留不下，再怎么热闹，再怎样繁华，却越发衬托出自己的形单影只。在人群中，我默然抬起头，找不到一张熟悉的面孔……

黄昏，在酒吧里点一杯酒，听着震耳欲聋的音乐，看着舞池里扭动着的人群，面无表情，冰冷的啤酒从食道一直凉到胃里……然后，随着炫目的灯光，脚轻轻地打着拍子，看到巴台的每个人都像一尊石像……

晚上，一个人蜷缩在床上，无法入睡，脑中总想着莫名其妙的问题，黑暗犹如一张巨大的蛛网把你包裹在内，厚厚的棉被里，感觉异常地冷，从枕头下面掏出手机，看着通讯录里一个个熟悉而又陌生的名字，不知道打给谁。于是，又无奈地塞回枕头中，把头缩进被子里，轻轻地抱住自己的膝盖，像一个孩子把自己抱紧一点，那么，就不会很冷了吧……

一些问题总敲打着内心，翻来覆去，无法入睡，穿衣，起身，想写些东西，但却面对着电脑发呆，身边的茶已经渐渐发凉，耳机里绵延出悠扬的音乐，此时，已经凌晨，也不知道是什么时候变成这个样子的，自己像是一个穴居动物一般，躲在自己的窝里不想出来；什么时候，开始害怕外面的阳光，讨厌出门，面对着门外的那些人，你觉得他们甚至没有你那台冰冷的电脑亲切；有时候，虚拟世界，确实要比现实世界更为美丽……

一整天就这样在无聊中度过。

我们都曾在一瞬间落寞过，而在落寞回首的刹那，我突然觉得，青春因为落寞才无遗憾。青春的叛逆，青春的失落，青春的温柔相待，让所有的时刻都变成一种无瑕的美丽。

青春的落寞是青春内敛的光芒，它与年轻密切相关。

何苦傻傻地执迷于烦恼

近来，工作有诸多不顺。

上个月客户在户外打出去的宣传栏，收益甚微。一大早，对方的老总就拿着电话筒埋怨："广告的色彩选择太不显眼，宣传语写得太烂，图片没吸引力……"刚放下电话，老板原本微红的脸色立即变为铁青。接着便把策划部经理叫到办公室，训了一番话。

末了，策划部经理极为委屈地说："方案是经过客户签字同意了的，效果不明显，原因有很多……"还没等策划部经理说完，老板打断说，不要推卸责任，客户不满意，就是我们的工作没做到位，回去认真反思吧！

被老总一番训斥，策划部经理心里自然不好受，回来之后，便对我们这些"虾兵蟹将"进行了一一训话，并命令相关责任人写反思报告。当初的广告语是我负责的，自然难逃此劫。

下午的时候，一个新的广告方案被否决，我负责的部分出现了一点差错，还被经理狠狠地批评了一顿。

几个月来，我对工作还算尽心尽力，这样接二连三地出现问题，心里自然不痛快。

晚上下班，几个同学打电话说要聚一下。我二话没说，立即答应。压抑的情绪自然可以借此机会尽情地释放一下了。

喝了很多酒，却一直没有醉倒，眯着一双眼睛看这个世界，光怪而陆离，告诉自己，真是喜欢这种感觉，独自去洗脸台，泼了点冷水在脸上，然后看着镜子一个人傻笑起来，醉后，世界好美……

也有两个同学喝酒后，大哭了起来，每个人都有属于自己的苦恼。

我也想大哭一场，但怎么都哭不出来。不知道从什么时候开始，学会了不随意透露自己的感情。参加婚礼，无论场面再怎么感人，台下有再多的人泣不成声，我也不曾流过一滴泪。朋友都说我太过冷血，我却只有微笑。没有必要试图让别人了解我，知我者为我分忧，不知我者谓我何求，很多时候，眼泪解决不了任何问题，只会让悲伤泪流成河。很多事情，我们可以感动，但不能流泪，因为一旦放任自己的感情，怕会让自己泣不成声。

凡是你抗拒的，都会持续。悲伤和抱怨亦是如此！因为当你抗拒某件事物或者情绪时，你会聚焦在那情绪或者事情上，这样它就被赋予了更多的能量，它就变得更为强大了。于是，负面情绪就会像黑暗一般无法驱赶，我们唯一能做的，就是带进光来，喜悦是消融负面情绪的最好的光。

第二天醒来，头仍旧很疼。我知道，我要整装待发，开始新一天的战斗了，窗外的阳光依然明亮、温暖。

在我出门的时候，想到了这样的话：

不要把生活看得那么复杂，多什么少什么，爱什么恨什么，把所有的复杂都简单化。端起饭碗感谢这美好的一天，心头清闲感谢这曲折人间，想到的就是你活到的，放过的就是不属于你的，既然来这人间不易，那么就活一场豁然开朗，或者大肚能容。烦恼又不给一分钱的报酬，何苦执着于它？

别看了，尽情去生活吧

若溪是我的同事，她和老公结婚刚满一年。

刚结婚的时候，她总骄傲地在我们面前夸耀她老公有多么细致、体贴，老实忠厚，对她又百般疼爱。可最近，她却总向女同事抱怨，刚结婚一年多，老公像变了个人似的。

原来，陆虎（若溪的丈夫）是个游戏迷，每天一进家门，就会迫不及待地跑到电脑前，开机，上 QQ，打开游戏界面，紧接着便开始"厮杀"。若溪想跟他说句话都没机会。做好晚饭，叫了三声"老公"都没人应答，进房一看，陆虎正与一"勇士"MM 私聊得火热。每次等半个多小时，饭都快凉的时候，才见他急匆匆地扒两口饭，又溜回书房，继续"战斗"。

若溪说，他每天在家里，大部分的时间都泡在网络里，根本没有机会与他沟通、交流，若溪曾劝他，可他却理直气壮地说："我不嫖不赌，就爱上网玩个游戏，这有错吗？"若溪很是苦闷，不知道这样的生活如何继续下去！

听了若溪的抱怨，其他几位女同事也七嘴八舌地议论开了：

"嗨，我家里那位也是，每天都泡在网上，家务事和孩子一点也不管!"

"我的男友也是每天都泡在网上，根本不理我。"

……

网上冲浪、打游戏、聊天、刷微博……每天在上下班的地铁里、公交上，甚至在朋友的聚会场合，我们在一起，却各自低头玩手机、上网。我们总是沉浸在虚拟的世界中，却忘了让灵魂清醒，总喜欢向陌生人吐露心事，却忘了告诉你最亲近的那个人，你此刻在想什么。我们如此热爱远在天边的亲密，又不停地制造近在咫尺的疏离……就这样，渐渐地，我们变成了最熟悉的陌生人。

近日，"别看了，去生活"的倡议在网络上爆红，诸多网友也开始效仿，暂别网络回到真实的生活中。

有谁算过，我们因为网络，究竟荒废了多少的时间？荒废了我们多少的交流？与自己最亲的近在咫尺的人，为什么就是那么的难以开口说话？

更多的时候，小一辈们手机电脑，老一辈们报纸电视。尽管在网络的虚拟世界中，有诸多是真实的，但最真实的生活，为何不好好地去融入呢？

在一家咖啡厅中有这样的提示："我们没有 WIFI，请尝试跟身边的人交流。"也许我们就应该关了手机电脑，戒了游戏，然后跑到隔壁房间说："老婆，走，咱们开车到外自驾游去。"我想她一定是嘴里说"玩什么，又花钱"，心里却是美滋滋的。又或者，带上你的行囊，出去玩玩吧，当然，你要听取导游的意见，不然就有可能遇到麻烦。

当然，生活不止如此，回到现实中，用心体味就好！

如果没有手机，我们该如何度过

单身的生活，千篇一律。

每天除了上班、睡觉外，基本不离手机，睡觉之前还会拿着手机刷微博，刷到瞌睡为止。早上起来第一件事就是拿出手机刷微博，看 QQ，看微信……手机似乎成了我生活的主题。我一直在想，如果我们当下所用的通讯设备全部都不存在了，我们该如何生活？如果有一天和朋友们一起出去旅行，把手机关掉，不带任何通讯设备，会怎么样？大概人在没事的时候，会更无聊吧！是我们的爱好都离不开手机，是这些年我们都太依赖它。因为依赖，以至于当我们没有将手机带在身边、手机没电或者特殊情况下被迫关机时，我们中有很多人会感到极度的紧张和焦虑。这种现象是如此的普遍，人们称其为"孤独恐惧症"。

我刚刚决定，这周一定不用手机，手机就叮铃铃地响了起来——那是一条短信息。但是，我已经决定不再用手机了，于是很不情愿地关了机。可我整个下午都在想那条短信究竟包含了什么重要的信息。傍晚，约好与同事外出吃饭，但却没有赶上饭点。吃饭的时候，我很恐怖地意识到自己有好多次心里发痒似的想要看手机，但却不能。"我明白你的想法。"朋友说。他的手机就令人忌妒地放在他的面前。"我刚才一直在玩手机，连上厕所也带着，没事就看看原来的短信。有点不可救药吧？"

在回家的路上，我忽然很想给家里打个电话。之前，我总是边走路边与父母聊天。所以，这次一回到住所，我便通过座机和他们聊了半个多小时。这次专心的谈话让我感到很是畅快和轻松。

忙完该睡觉时，手机短信提示的景象又一次浮现在脑海里，怎么也抹不掉。

我突然意识到，手机控制了我们的人生，就像以前遥控器控制了你的大半生。手机最大的力量就是，可以让我们平凡的生活，瞬间填满了颜色。这是年轻人对手机上瘾的最大原因。而这些颜色都是过客，并不能让我们的心真正充满光泽。

很多时候，看到年轻人把大部分的时间都花费在玩手机上，他们畅游在微信、微博、QQ 等聊天软件的世界，时间也就这样悄悄流走。

精彩人生，从活出"第二人生"开始

苏楠是比我高两届的学姐，人长得漂亮，还有一副好嗓子，现在的她是一家电子公司月薪过万的"白骨精"。

有一段时间，她居然利用工作之余的时间到一家酒吧去顶替一位休假的驻场歌手去赶夜场。她从没有驻场的经验，很担心自己能否唱好，但是最终还是决定去试试。

于是，她开始尝试白天做白领，晚上当歌手的双重生活。每天业余时间，她耳朵里总会塞着耳机，练习歌曲。我也没闲着，晚上一下班，就与几个男同学一起，打着护花使者的旗号去听她唱歌，现场反应极为热烈，音乐中的她比平时更让人着迷。

不久，那位歌手休假归来，她也结束了这段精彩的夜唱生活，回归到朝九晚五的循规蹈矩的生活中。对此，她的总结是：发掘了我的第二人生，生活果真有意思多了。

生活中，总有人受不了枯燥生活的束缚，想要活出自己的第二人生。

何谓第二人生？一份兼职的工作，一处仅属于自己的空间，甚至一个不为人知的人生故事，总之，就是活出和平时不一样的你。

在社会上，我们都从事着不同的行业：银行职员、大堂经理、企业总裁、程序员、理货员、收银员。但无论是哪个员，我们都是社会上的一员，从事着一份也许无趣但有价值的工作，摆脱不了公事公办的样板人生。可是，如果你想使自己的生活更精彩，人生与众不同，就要学着活出自己的第二人生来。

美国加州一个平凡的上班族伊丽莎白，他在自己 37 岁的时候，做了一个疯狂的决定：放下薪水优厚的记者工作，将身上仅有的三块多美元捐给街角的流浪汉，然后决定由阳光明媚的加州，靠搭便车与陌生人的好心，横越美国。他的目的就是去尝试一件他从小向往但从未做过的冒险的事情：到美国东岸北卡罗莱纳州的"恐怖角"去走一遭。

这是他在精神崩溃时所做的一个极为仓促的决定。因为在某个午后，他忽然哭了，他扪心自问：如果有人通知我今天死期到了，我会后悔吗？

对于伊丽莎白来说，答案是十分肯定的。虽然他有稳定的、良好的工作、美丽的同居女友、亲友，但他发现自己这辈子从来没有下过什么赌注，他的人生太过平顺，从来没有经历过高峰或者低谷。

他为了自己异常懦弱的上半生而痛哭流涕。

　　一念之间，他决定要去做他这一生最想做的事情，那就是去冒险。他选择了卡罗莱纳州的恐怖角作为最终的目的地，借以象征他征服生命中所有恐惧的决心。

　　他开始不断地检讨自己，很诚实地为他的"恐惧"开出一张清单来：自小就害怕保姆、怕邮差、怕狗、怕蛇、怕黑暗、怕站在高处、怕孤独、怕荒野、怕失败……生活中的事情，也无所不怕，做记者，他好似也是十分英勇的。

　　当他踏上他的梦想之旅时，竟还接到过这样的纸条："你一定会在路上被人谋杀。"但是，最终，他成功了，顺利穿越了"恐怖角"，行程四千多英里路，受到82个陌生人的帮助。

　　在此过程中，她没有接受过任何金钱的馈赠，在风雨交加的夜晚，他曾经睡在潮湿的睡袋之中。在行程中，他遇到几个像分尸案杀手或者抢劫犯的家伙，当时胆战心惊；他在游民之家，依靠打工换取住宿，住过几家夫妻不和睦的家庭，看到过夫妻俩打架；还遇到患有精神病的人；经历过这些，他终于来到"恐怖角"，还在此游历了一番，完成了他多年的心愿。

　　对于此，有人说他是胡闹，有人说是刺激，而他自己，则是希望通过这种不一样的人生体验和冒险，让他的人生与众不同，不留遗憾。这也必将成为他回味一生的资本。

　　活出自己的第二人生，为枯燥的生活着色，让自己体验不同的人生滋味。活出自己的第二人生，并不意味着对第一人生的背叛。相反，它往往是第一人生的有益补充。只有尝试了，你才知道自己真正想要的是什么。

请别惜字如金

早上还未睁开眼，就接到老妈打来的电话：

我：喂！

妈：娃吧！在那边还好吧！天冷了，老家这边都下大雪了，那边也变天了吧，多穿些衣服！

我：嗯！

妈：在那儿生活还好吧！天冷了，可别饿着自己。今年家里的收成很好，你爹刚把家里剩余的粮食拿到集上去卖了不少钱，家里一切都好，别太惦记。

我：好！

妈：过年放假吧！早点买票，家里人都盼着你呢！没事多往家里打打电话，在那边照顾好妹妹。

我：知道了！

……

电话那头，老妈仿佛有说不完的话。而我却只是随声应付着，惜字如金。

文字，从繁体到简体，语言，从啰唆到只言片语，再到惜字如金，到无论跟谁交流都不愿意说话。年轻的我们，生活越来越优化，交流也越来越少。

啰唆的那人是长辈，只言片语的大都是这个时代的小辈。

在公司做文案的时候，总不喜欢太长的标题，总想把要传播的广告思想理念简化为几个字。总觉得，浓缩的都是精华，不啰唆、不复杂、明快、有活力，亦如年轻的我们。

后来，终于明白，很多时候，很多东西，并不是一个字能够概括的，比如"亲情"、"爱情"，彼此之间有非常多的交流，才能对得起你们之间的血缘关系、亲情、经历、成长等，而不是那几个"嗯"、"好"、"知道了"、"很烦"或者"干吗"能够支撑得起的。

上辈人都说我们很绝情，但很多人的冷漠仅仅是表面的，我知道他们的心也是红的，在不停地跳动着的。我们不是一个支持生命的器官，而是一个独立思维的灵魂代表。

我拿起手机，拨通了家里的电话，是老妈接的："妈，今天早上没睡醒，你和爸在家都好吧……"

又一年过去了，天气开始寒冷，请不要让没有温度的"嗯"、"好"、"知道了"等随声应付传达你的温暖的感情。

那些未去完成的事，就去做吧，冬天的寒冷，冰冻不了你的热血。

未出口的话，就去说吧，最好能够面对面，多啰唆，才能更温暖。

成长，必定伴随着苦涩

　　每个年龄都有每个年龄不同的烦恼和痛苦。青春是伴随着烦恼和痛苦的，因为要成长，必定有苦涩。很多时候，与朋友聚会闲聊，不外乎谈如何解除郁闷、痛苦。一位同学哲人似的规劝道："不要企图规避，这些都是人生送给你的礼物，只有经历过，面对过，才能留下回味，拥有积淀。"

　　周末，在北大听演讲，一句话很是触动了我："我们一切痛感，一切的苦根都只因为只有'我'。'我'便成了快乐人生、幸福人生的第一障碍。"

　　其实，很多时候，我们之所以痛苦，就在于心中永远装着一个"我"。我们一切行为的目的都是为了"我"，为了满足"我"的精神需求和物质需求，最终置自己于痛苦和烦恼中，无法自拔。

　　其实，人自来到世间的第一天，就开始学习一个字——"我"。慢慢地，我们懂得了"我"和"他人"的分别，知道了二者的不同，于是我们便开始界定那些属于"我"的东西。

　　"我的"爸爸、妈妈，他们爱别人不能超过爱我；这是

"我的"玩具，其他人不能随便玩；这是"我的"老师，不允许他特别地欣赏别人，一定要欣赏我；这是"我的"朋友，一定要对我够义气，讲信用；这是"我的"孩子，一定要听我的话……于是，我们的一切行为和思想，都是紧紧围绕"我的"展开，于是，我们经常会以"我的"的名义去要求别人，甚至是控制别人，于是，忌妒、仇恨、贪婪、背叛、吵闹、纠纷乃至战争就开始了。

一位朋友曾开玩笑似的说："解除痛苦的主要目的就要破一个'我'字。"

其实，人生没有那么痛苦，我们之所以会痛苦，就在于那个原要被我们格外珍惜、呵护、讨好到骨子里的"我"插到我们生命的深处的毒箭，因为有了"我"，一切都变得不可理解，人生除了不断讨好浅层或者是深层的自我，似乎再没有别的出路。

然而，有人可能会说，如果没有属于"我的"东西，这个世界还有什么可以留恋的呢？

但是，你要明白，当我们拥有了这些东西的时候，我们拥有的时间是多长？可能会很快地消失，也可能会慢点儿，但总是会消失，或者在你之后消失。那么，当你真正知道它一定会消失，无法抓住的时候，现在又何必一定要给其贴上"我的"标签呢？当你原本就不曾拥有这些东西的时候还会有今天的痛苦和困惑吗？

生活中，你的多数的烦恼、失落或者痛苦，皆源于把

"我"与"我的"抓得太紧，试着放下它们，你便能感受到快乐和自由。就像一条健康的鱼一般，它不懂得自己会游泳，于是就拼命地抱着救生圈，以为这个救生圈就是它的一切。鱼儿哪里知道，丢了救生圈，它才能获得绝对的自由。

当我们不再以"我"为出发点去审视万事万物，你就会发现世界上的所有事物都是美好的，如此可爱和平等。要知道，世界的一切事物都不需要用"我的"来定义，只有忌妒、仇恨、争执、傲慢、背叛、战争才需要"我的"来做调料。

当你感到失去的痛苦时，可以想想：那个失去的真的应该是"我的"吗？他会永恒地成为"我的"吗？我的快乐一定需要这个条件吗？当我们不再以"我一定要拥有他"为出发点，那么，你将会获得意想不到的快乐和幸福。

生活中，我们如果能时时放下"我"，不再想着"我要得到这个就好了，那个是属于我的"，那么，你的人生便处处充满了意外的惊喜，你的每一天都是全新的一天，没有哪朵花不值得你珍惜，没有哪个人不值得你等待，没有哪句话不值得你思索，没有哪件事情不值得你感激。

在"对抗"中成长的我们

在公司，有两拨人经常发生冲突：中年派和青年派。

青年派主要由策划部和设计部的几个小青年组成，年龄都不超过 28 岁；中年派由公司里的中年人组成，年龄大都在 35 岁以上。

青年派总是穿着时尚，发型怪异，办事多是热情而冲动，他们十分不满意四平八稳的办事方式，反过来，中年派的人对年轻人办事毛毛躁躁也颇有微词。

青年少年的我们，正处于叛逆状态，看不顺一切，好似整个世界都与自己做对一样。这主要是内心的批判造成的，是由内在的观点造成的。

其实，在有为的世界里，一定有冲突。因为在有为的世界里人人都想有为，而往往你的能力有限，智力有限，因此，在有为的世界里你一定会有许多做不到，或者无能为力，或者力不从心的事。一旦出现这种局面，你就会烦乱、苦闷，就没有好心情。

因此，与其解决不了问题，与其与现实冲突，倒不如退而求其次——顺着它，依着它。生活中，我们似乎看不顺眼的人越来越多：在家里，我们与父母对抗，与伴侣对抗；在单位，为一点小事与同事对抗、闹矛盾，与领导对抗；在公共场合，与朋友为一件小事争得面红耳赤；在市场，买卖双方因为价格而争辩……可以说，对抗无处不在，无时不在。

其实，我们之所以会与别人对抗，起冲突，主要是我们想向对方炫耀：炫耀自己并不比对方弱，想让对方知道自己很强大，不是好惹的。于是，就会与对方发生口舌之争，与对方激辩，如此这样，恰恰则证明了你的弱小，而那些真正强大的人，面对各种纷争会保持淡定，不为外界的一切所左右。认清了这个事实，那么，再与他人发生冲突的时候，就让对方赢。最终你会发现，你因为忍让而能成为真正的"赢家"。

矛盾是生活的常态

二十几岁的我们，都生活在矛盾中：理想和现实的矛盾。

一位哲学家说："一切幸福都基于对生命的欲望。"其实，人总是在无休无止的欲望中寻求幸福，这是生活的现实。

每个人都有欲望，而欲望又不免会带来痛苦。一般人将愿望的实现视为幸福。可是，一旦愿望得以实现了，就能够感受到幸福吗？许多人在拥有了美满和事业的成功后，却会说："生活给了我想要的东西，同时，它却让我认识到这其实根本没多大意思。"显然，没有了矛盾，没有了矛盾的转化，生活也就无所谓痛苦和欢乐了。由此可见，真正的生活必然是挫折与顺利、痛苦与欢乐紧密地联系在一起的发展过程，而绝不是永远无忧无虑、一切圆满的虚无的境界。

德国哲学家叔本华说："我们在任何时候，都需要一定数量的烦恼、忧伤、痛苦和俗念，这就像船上需要压舱货一般。"这句话不是悲观主义者的呻吟，而是正确对待挫折与痛苦的方法。

如果你能看透世间本应有诸多的烦恼，那么每受挫一次，你对生活的理解就会加深一层；每失误一次，你对人生的感悟就会升高一阶；每不幸一次，你对世间的体会便会成熟一级；每磨难一次，你对幸福的内涵就彻悟一遍。从这个意义上说，要想获得成功和幸福，就要过得快乐，首先要把困难、挫折、不幸和痛苦读懂，也就是首先要明白：挫折和痛苦是生活必然会有的组成部分，由矛盾构成的生活才是最为真实、精彩和美好的。

毕淑敏说："你感到自己很不幸，是因为你没遭遇到更大的不幸。年轻人，请永远记住：这个世界上，除了死亡，没有什么是大事。只要你能够活着，便是幸运的，所以，从现在开始好好地珍惜并过好每一天吧。因为只有你自己才是最好的医生，其他的人都无能为力。"活着，本身就是一种莫大的福气，是一种最美丽的幸福。当你可以活着、笑着、哭着、吃着、睡着，真真切切地感受到生命的流动，那么，对于人生，你还有什么不满的呢？

人生充满了坎坷、忧虑，有的会让你仰天大笑，有的则会让你垂头丧气。然而，如果你静下心来仔细想一下，这些都算得了什么呢？因为在生与死并存的世间，有什么比活着更让人觉得幸运和幸福的呢？

生活的实质就是一种"愿望"

生活其实就是一种愿望，其本质就是你没有什么就需要什么。所以我们要学会随时放下，放下不切实际的期待，放下没有结果的执着。凡事要看得淡一些，看开一些，看透一些，什么都在失去，什么都留不住，唯有当下的快乐和幸福才是我们切实能感受到的。

生活其实是一种愿望，是一种想象的渴望，正是有了愿望和渴望，才让我们不断吮吸到其中的甘甜、美好和幸福。幸福很远亦很近，有时候，幸福是一样东西，在你费尽周折得到的时候；有时候，幸福是一个目标，当你长途奔波抵达的时候；更多时候，幸福其实是我们内心的一种感觉，一种心态，只要你领悟生活的真谛，原来生活处处都有它的影子。

穷人说，幸福就是在饥饿时能吃到热腾腾的饭菜，口渴时能喝到清澈的水，寒冷时有足够御寒的衣服，贫穷时，有够维持生存的钱财。

富人说，幸福就是能在忙碌之中闲下来，疲惫时抽出时间休息，困乏时，能够睡一个安稳舒适的觉。

单身者说，幸福就是甜蜜地拥在爱人的怀抱中，暂时离别时心头淡淡的思念。

已婚者说，幸福就是摆脱对方一个人独享清闲，能够自由地支配自己做自己喜欢做的事。

……

总之，人生缺什么，很多人就认为什么是幸福！果真有一天实现了梦寐以求的愿望，我们也许会兴奋一些时候。但是，随着时间的推移，当那些实现的愿望再也激发不起我们的幸福感时，一些新的愿望又再次萌生，它们就像地面上生长的花花草草一般，采摘了一朵又一朵，践踏了一片又一片，每年都会新生。

可以说，人们对幸福的感受同心理的欲望是相辅相成的。所以，人们就会不断地追逐，不断地在感受了短暂的幸福后，又产生新的痛苦，像一个永动机一样，永远没有停歇的时候。为此，我们要想在漫漫人生长路中永久地抓住幸福和快乐，就要学会放弃，放下不切实际的期待，放下没有结果的执着，用心感受自己手中所拥有的。

梦的方向叫作闯：
没有谁能随随便便成功

二十几岁，最后的青春，最后的疯狂

二十几岁，极棒的年纪，想睡就睡，想吃就吃，想工作就工作……二十几岁的我们，自由而开心，人生的主导权第一次紧紧地握在自己手上。

上班赚钱，疯狂玩闹，一个人吃饱，全家不饿！

这时候的我们，人生才刚刚开始扬帆起航，你内心洋溢着信心，对未来充满了希望。在老板面前，你激情四射，表明要把自己的全部精力都贡献给公司；开会时，你积极主动，说得口沫横飞，好像有实施不完的新想法、新思想……你受到重视，认为自己势必会有一番作为。

当你沉浸在零负担的百分之百的快乐中，同时，有些二十几岁的特许权利也悄悄地在过期中。可怕的是，没有人会对你高举警示牌，向你预警，给你忠告；即便有，你也看不到，你就像吞了一大把快乐丸，正在尽情享受二十几岁的五光十色。

然而，一旦过了 29 岁，跨过 30 岁的门槛，才隔一个晚上，大家对你的态度就会变得严厉："三十几了，你应该……""三十岁了，你不可以……"你原来天之骄子似的特权就被一一收回，并且迫切要面对一些严肃的课题：结婚、生子、买房子、奉养父母……无敌的青春，就这样一去不返。

二十几岁，敢于追梦，畅享人生，但它就像一个疯狂的派对一般，你必须要保持适度的警惕，免得一夜荒唐后，醒来人生一片混乱，无法收拾。

二十几岁，最让人纠结和头疼的问题

公司的一位客户有一次在闲聊时说，真不知道现在的年轻人在想什么，二十几岁的大多辞职的人，理由大都说与梦想有关：

"我不想把青春困在方格式的工作室里，想外出去旅游，游遍全中国，这是我一直以来的梦想。"

"我想和朋友一起去开一家酒吧，再录我自己创作的歌曲。"

"我要开一家花店，修花种草，再卖点自己喜欢的书。"

二十几岁年轻人，理当去追求自己的梦想。我们经常挂在嘴上的口头禅是：

"工作不是人生的全部！梦想才是我生活的中心。"

"我们不是工作机器，work hard，也要 play hard！"

可是，从二十几岁到 30 岁，一转眼的工夫就过去了，一瞬间就会走到 30 岁的边沿，也就是我们所说的老了……而且，不仅仅是你自己觉得老了，用人单位看 30 岁的你，也觉得你老了。

猎头市场主要是寻找中高阶人才，猜猜看，他们重点搜索的对象是哪一个年龄层？不是 40 岁以上的中年资深人士，猎头公司主要诉求的年龄层竟然是 32～35 岁。"社会发展太快，知识更新迅速，中年人在知识与经验上，很难与现代企业对人才的要求无缝接轨。"一家猎头公司的资深经理人说，"在很多产业，总经理人选瞄准的是 32～35 岁之间的人。"

于是乎，过了 29 岁，你在职场上还没有独当一面的舞台，猎头市场怎么评价你？"没指望！"短短的三个字，毫不留情，基本让你的人生失去了竞争力。这样的人，不会是猎头市场要重金挖角的明日之星，他们也能基本断定这样的人，未来只是平凡普通。

听到这里，我很不服气地说，猎头市场不要我们就算了，到求职网站还不是一样找得到工作！这话没错，一定有诸多的工作等着你，在求职网站找工作不难。

那位经理人笑道："依我几年求职网站的经营经验，告诉你个统计数据，使用求职网站求职的人，七成都是 30 岁以下，两成是 31～35 岁，剩下的是 36～60 岁，也就是说，二十几岁的年轻人是求职网站求职者的主流，过了 29 岁，人数会减退。而 30 岁以上的人则主要靠跳槽与挖角在更换工作，很少有人在求职网站找工作。即便是有，其能力也会受到用人单位的质疑：奇怪！这个人都三十几了，工作资历也有，怎么还在找工作？"

不可否认，过了 29 岁，你的求职筹码就会变少。

现在你二十几岁，请闭上眼睛，想一想，三年、五年、六年后有谁会对你挖角？如果想不出来有人挖角，那真的要紧张了，因为你没有几年可以浪漫，可以挥霍，可以天真，可以装傻，可以混日子，可以无所事事……如果你在二十几岁的年纪都无所事事，再回到职场轨道时，恐怕都过了"适婚年龄"，自己可以掌握的主导权也会变弱。

过了二十几岁，最重要的改变是你会成为真正的大人，大家不会把你当未成年的孩子来看，开始往你身上增加各种各样的人生责任。过了二十几岁，你不能做的事情其实只有一件，那就是不能不负责任。可怕的是责任包罗万象，铺天盖地向你席卷而来！

追逐梦想无可厚非，年轻人就应该敢想，敢做。但是，在追梦的过程中，我们千万别忘了人生该负的责任，尽管它有时候会让我们累，却是我们不得不考虑的问题。

重要的不是成功，而是成长

今天中午接到表妹的电话，说她今天领到大学毕业证，彻底失业了。

我有些吃惊："不是刚毕业吗，怎么会失业？"

"我已经在网上投了大半年的简历了，多数都石沉大海，只有几家小公司通知去面试，可都是端水、倒茶的工作，而且薪水又低，我怎么干啊！"

我才明白，表妹并非是找不到工作，而是她的期望太高，对于一些工资低的职位，都不屑一顾。所以才对我说出了那句危言耸听的话。

"那就先委屈干着，总比白漂着干等着让爸妈来救援你强吧！"

"那我的理想呢？"

"低的起点并不会降低你梦想的高度嘛！只要努力，你的付出总会有等值或者超值的收获的！"

表妹听罢，似乎受到了启发，也不再说什么。

表妹的电话，亦让我想起刚迈出校门时的自己：急切地盼望着成功，希望能热切地找到好的工作单位，希望自己能尽快得到重用，大干一番事业，出人头地。

在受挫后，才明白，欲速则不达，一些事情是需要一点一滴的积累才能达成的。

现在的我依然努力着，在通往梦想的路上。

我拿的薪水并不高，刚能解决基本的生存问题，但我仍旧感激现在的老板，愿意把一个牙牙学语的婴儿一手带大。

刚到公司半年，干的都是端水、倒茶的工作，我心里也委屈过，不甘过。

父母都是老实的农村人，他们从小就告诉我，吃亏是福。我越大就越能体会到这句话的含义。

看到一篇文章，很喜欢里面的一段话：

"你如果打算就钱做事，那你一辈子都是给人打工且暗无天日的命。你唯一能出人头地的原因是，你有野心，你志不在小。"

"工作不是为别人，而是为自己。如果你把工作当成工作，你基本上一辈子就是做一天和尚撞一天钟了。如果你把工作当事业去奋斗，你得到的一定比你期望的高。"

"不要总是抱怨社会，他人对你不公，资本家的剥削。你如果不从内心里感恩，感谢资本家给你一个剥削你的机会，你就永远不会拿 2000 块钱，成就你 1000 万的事业基础。"

我并不想拥有 1000 万的事业，但这份打杂的工作，让我清醒地看清了自己的内心，认识了现实，完成了人生的第一次成长蜕变……

青春，重要的不是竞争，不是成功，而是成长！

如果什么都怪别人，雨伞上的雪也只会让你觉得很重，如果凡事能先从自身找原因，哪怕背负着钢铁也会觉得轻盈。

如果你知道去哪儿，全世界都会为你让路

在公司工作大半年了，经常听到的声音就是：累！工作累、恋爱累、生活累！这些话大都出自二十几岁的年轻人之口！那些有些年纪的人，可能是习惯了，喊累的只是极少数。

朋友说，当你觉得累，不是因为路上的坎坷太多，而是因为你忘记了要去哪里。人生路上，难免会被琐碎的人情和难以解决的困难所牵制，但最终拖累我们的是：忘记了前进的方向！

如果你知道去哪儿，全世界都会为你让路！

常常有朋友说对生活感到迷茫，看不清前路。其实，每个人都有迷茫的时候，只是不要迷茫太久，要努力寻找出口。如果一味地迷茫，将之上升为逃避，那就成了一种借口。借口，最终欺骗的，还是自己。所以，别让迷茫蛊惑了自己，只要心中有岸，就会有船，就会有渡口，就会有明天！

有激情的轻松的人生需要正确规划，你今天站在哪里并不重要，但是你下一步迈向哪里却很重要。

对于二十几岁的我们，下一步会迈向哪里，往往取决于你的第一份工作。

你的第一份工作的选择，对你的人生至关重要！

关于此，HP大中华区总裁孙振耀在自己的退休感言中这样写道："其实，你不快乐的根源，是因为你不知道要什么！你不知道要什么，所以你不知道去追求什么，你不知道追求什么，所以你什么也得不到。"

在关于如何选择人生的第一份工作时，孙振耀这样写道："真正的好工作，应该是适合你的工作，具体点说，应该是能给你带来你想要的东西的工作，你应该以此来衡量你的工作究竟好不好，而不是拿公司的大小、规模，外企还是国企，是不是有名，是不是上市公司来衡量。小公司，未必不是好公司，赚钱多的工作，也未必是好工作。你还是要先弄清楚你想要什么，如果你不清楚你想要什么，你就永远也不会找到好工作，因为你永远只看到你得不到的东西，你得到的，都是你不想要的。"

从现在开始，你可以扪心自问：有没有觉得只要面对或提及工作时，袋脑就像一团乱麻？有没有觉得自己的性格使你很难真正投入到工作中去？有没有觉得自己的工作让你很不开心甚至痛苦？有没有觉得很想换个工作？有没有觉得现在的公司根本没有当初想象的那么好？有没有觉得自己当初完全是为了生存压力而来的，实在不适合自己？你从你现在的工作中真正得到了什么，学到了什么？对你的工作有成就感吗？

　　对于上面的问题，多数的回答是肯定的，那么，你就该冷静地反思一下自己的选择是否正确了。这个时候，你必须要学会选择，懂得放弃，重新认识自己，给自己一个明确的定位，使自己稳定下来。如果你不主动定位，终有一天会被别人和社会所"定型"，最终只会一事无成。

有梦最美，但梦不能太多

刘翰和我大学时是一个宿舍的。他是东北人，人讲义气，又长得壮实，所以我们都叫他"汉子"。

学校里，我们是好兄弟，毕业后，交情就渐渐淡了。

毕业后，他在找了诸多工作被拒后，无奈之下就到了一家地产公司做销售员。

刚开始，刘翰自恃学历高，每天都想自己有一天能成为销售经理。

可是，他在工作上很不专心，心思总是飘来飘去，今天想要努力工作，明天想去西藏打工度假，后天想做背包客去周游世界……他说，这统统都是他的梦想，这种不定性，不定向，使他在给客人推销楼盘的时候，总是心不在焉。

工作的前三个月，"汉子"总是会给我们打电话，叫喝酒、泡吧！

因为房产销售的收入与提成有关，第一个季度的业绩，"汉子"排到了最后一名。

万分沮丧的他，找到我们。那一天，他喝得烂醉，说太迷茫了，不知道如何才能找到属于自己的出路。

第二天，几个哥们都帮他分析销售业绩低的原因，但是，"汉子"却并不感兴趣，他对朋友说道："我刚刚走出校门，我想找一份清闲的工作，能有时间去实现我的梦想！"

朋友很是吃惊，问道："你的梦想是什么呢？"

"周游世界，成为一名作家，有钱了就和朋友开一家酒吧……然后改变命运。"他说道。

听完"汉子"的话，朋友明白，如果再不打开他的心结，他一辈子可能只能活在自己编织的梦中了。

朋友问他道："你读了四年的大学，你应该有大把的时间去实现梦想，比如周游世界，努力练习写作成为作家，但是你的愿望曾经实现过吗？"

朋友的话很是直白，他听罢就低下了头。

朋友接着说道："要改变命运，主要的不是缺乏时间。在销售领域你依然可以学到很多东西，如果你能给自己制定一个明确的人生目标，五年后你要成为房地产公司销售部的经理，你今天应该学习什么？首先，你要以认真的态度对待你的工作，接下来，你要付出比别人更多的努力，提升个人处理事情的能力，同时不断提高你的沟通能力……"

听了这样的话，"汉子"的眼神中顿时有了光彩。从此之后，他就开始了脚踏实地的生活。

无可否认，追梦是二十几岁的天职，应该勇敢去做能实现自己梦想的事，可是在追求的同时，我们也要谨守一项原则：梦想不要太多，也不要各不相干，像多头马车一样，把自己拉得四分五裂。选定一个梦想，努力达成，不轻言弃。很多人说起梦想，满嘴是泡，但毫无实践的行动力，也不愿意努力去打拼、牺牲奉献，根本算不得是梦想，顶多是一个不工作的托词！

同时，在追梦时，要给自己设定个时间表，比如三年或四年，其他的时间应该用在工作上，这是降低职业风险的最安全的做法。二十几岁时，请你累积至少三年工作资历，专心一致，力求专业表现，建立良好口碑，给 30 岁换跑道时壮胆。

梦想只选一个，职涯方向也只能选一个，因为你没有太多时间换来换去。在二十几岁，除了追梦之外，找到对的工作也应列为同等重要的大事。

迷茫，有时只是一种借口

二十几岁的我们，最大的资本就是年轻，最大的本钱就是时间。于是，我们很少意识到"时间不多"的紧迫感。

我们在愿望无法实现时，总会说"还年轻呢，以后有的是机会"！找工作受挫，便会安慰自己"时间多得很，不着急，慢慢来吧，总可以找到适合自己的工作"！可是，时间老人真的会给我们机会吗？

已过完 28 岁生日的表姐奉劝我："有些事要抓紧去做，别等过了黄金年纪才像大梦初醒，开始想要确立自己的人生方向。问题是，社会上对年纪的判断和二十几岁的我们完全相反！"

表姐是个对人生方向感十分敏感的人，从农村走出来的她，在大学期间，就制定了人生目标——到外企做白领。为了这个目标，她付出了努力：学英语、练口语，在大二就获得了大学生英国演讲比赛奖。读管理专业的她，每年都是奖学金得主。毕业后如愿到了一家外企工作。

随后，她的工作自然是很顺利，成为我在诸多朋友面前炫耀的对象。

她告诉我，在企业中工作，女性在 28 岁后、男性在 32 岁后还出现频繁换工作或者职务不连贯的情形，就会被默默地贴上"心性不定"、"脱离现实"等负面的标签，这等同于给你烙上了"不可信赖"这四个大字。而履历表是一辈子跟着你的，你很有可能一辈子都摆脱不掉这四个字。

表姐说，二十几岁，是一个人成熟化的关键年纪，你必须要在很多事情上做决定，在很多重要选择上做决定，比如，你最适合的是哪项工作，你未来要不要创业，要不要结婚，要不要生孩子等，而这些都需要不断地反复思考，才能尽早做决定。

我明白，二十几岁并不是可以随意挥霍时间的年纪，我们要做的事情很重要：不断地思索，为自己的人生导航选准方向和目标！

我们经常会在耗费了大把时间，无所事事后，才大喊：迷茫！

可是，很多时候，迷茫只是一种借口。

最近我看到一本书，对其中的一句话印象深刻：

或许，在曾经需要抉择的路口，别人眼里的我们可以有很多选择，但是对于我们自己来说却没有。仿佛每个方向都阻隔着一堵无形的墙，刚想用力冲过去，却又被弹回来，再换个方向依旧如此。心想，山也重了水也复了，怎么还不见柳暗花明的那一村？或许，这根本就是老天的捉弄和命运的刻意挖苦。

错！其实盲目的思绪才是我们真正的"墙"，执迷于某种盲目，会颠覆了原有的逻辑和蒙蔽了自己的冷静。寻遍了方向依然没有方向，扪心自问，每一个方向是否都是经过了深思熟虑之后所做的选择？如果是随兴而作的决定，那不是选择，而是敷衍，会碰壁会沮丧是理所当然。这时候的迷茫，就是变相地承认和妥协失败。正确的做法是，不要过分执迷于失败的阴影里，用心去辨别，多听取周围人的意见。藏巧于拙，用悔而明；寓清于浊，以屈为伸。所谓知耻近乎勇，不要让迷茫湮没了我们的勇气。

五年，就这样一晃而过

林涵是我们村比我早两年上大学的学生，每次回老家，她妈妈便会恳求我：听说你在京城的工作不错，能否帮我们小涵也找个出路？

我也是刚有立足之地，这个确实有点难，但又不好当面拒绝，总会说：我会帮看着，有合适的机会，一定会通知她。

林涵，大学念的是经济学，因为从小对数字不敏感，她对这一科毫无兴趣，也不知道毕业后能做什么。

当表哥找她一起到校区卖凉皮、凉面时，她便一口答应，梦想有一天能把自己研制的调凉皮秘方卖遍全世界。这个工作并不浪漫，天气炎热，在凉皮下锅时，经常会被蒸汽烫到手，手上贴满了创可贴，天气渐渐转凉，生意差了……耗了大半年，表哥收摊了，她也跟着失业了。

林涵左思右想，想出一个点子来。她决定凭借小时候的绘画功底，进军包装设计行业，却因为缺乏创意而不断碰壁。求职不顺，让她觉得自己已无法适应民营企业，那么也许自己适合当公务员，于是念头一转，便跟爸妈拿钱补习，准备考公职。一年后她没考上，家里人再劝她去找工作，而这时离毕业已经两年了，她对自己要做什么事，一点想法也没有！

朋友曾经劝她，尝试不同的工作是对的，可是也不能像无头苍蝇一样瞎混嘛！你要理清楚你的兴趣、能力，以及人格特质，你所找的工作中至少要和其中一项相符合。

可她并没有把这样的劝告听进去。

最后，她在同学的推荐下，进了一家小公司，做文职工作：接待柜台外加收发文书。不甘不愿去上班，她感到窝囊透了，好歹自己是经济学本科毕业，这样琐碎的工作本应该是初中毕业的小妹妹做的。这样一次刻骨铭心的经历，又让她推论出：之所以无法找到好工作，是因为自己缺少一张硕士文凭。于是她一边工作一边准备考研究生。

因为发奋努力，她终于考上了，现在是经济学研三，几个月后即将毕业，她再度回到几年前刚毕业时的原点，并不知道自己毕业后要做什么，而这时她已经27岁了。如果她再找与经济相关的工作，她过去的工作经历并不会为她加分，甚至还会为之减分，如果她不想做与经济相关的工作，那她为何要念研究生？

林涵就这样随意晃掉了五年的黄金时间！

青春来去匆匆，多数人都在迷茫中摇摆，在暗自的喜悦和酸心的苦涩中游走，清而不傲，淡而不孤。在"放弃"与"坚信"的十字路口，总是会毫不犹豫地选择相信，依仗着自己年轻，还以为自己有大把的时间可以一次次地在错误中成长。最终的最终，却发现一切好像都回到了最初的原点，就好像那年错过的大雨一般，毫无意义。

如果成长注定是个不断妥协的过程，那么时光老人是否可以放缓脚步，让我们有时间可以倾听自己的心跳，感受灵魂的脉动，找到属于自己的前进方向，然后再慢慢地与这个世界握手言和，温柔地妥协。始终相信自己会在人生的某个转角处，做着意想不到的工作，遇到意想不到的人，过着意想不到的生活，在人生的下一个路口，我们是否会成为已经被岁月打磨得充满光泽的优秀的人？

前面有"槽"，你敢跳吗

一天晚上，师哥张新邀我喝酒。

张新是比我大三届的师哥，我刚入校的时候，我是他迎接的第一个新生。所以，大学期间，他对我颇为照顾。现在的他已经是有名的广告人了，而几年前，他还只是一个毛头小子。在庞大的求职大军中，他仅靠一份细心成了一家广告公司的后勤人员。他每天干的都是打扫卫生、公司广告活动完后的善后工作。

当初，那家广告公司刚刚起步，没有客户，也没有多少资源，自然他这个跑腿的也清闲。一年后，眼见公司没有起色，许多员工都纷纷跳槽，而师哥则留了下来，还向老板申请转行做了广告策划。在与他交往的这几年时间里，他从未向我们说过其中的辛苦，但我很清楚，那些年所谓的广告策划也只是个广告员的角色，拉单子、跑业务，业务成后才有机会做策划。其实一般的小业务根本谈不上需要多好的策划，布个展台，搞个街头活动，干的多是体力活儿。但是他就那么一直坚持了下来。

师哥是个极为勤奋的人，有一天晚上十点多钟，他还在租来的房中埋头苦读一本砖头厚的《经典广告案例 500 篇》。那时，因为几次成功的广告策划，他已经开始在圈子内声名鹊起了。

在喝酒时，我问及他对职业的体验，他说广告其实不像表面看上去那么有趣味，真正有趣的部分可能连 20% 都占不到；他为一家公司修改了十几次创意，客户最后说还是第一次的创意比较好。我问他，既然如此辛苦，是否考虑过转行的事情？

他给了我一个至今难忘的回答：这个世界上到处都是半途而废的人，这些人自认为自己很豁达，而豁达则有时候不过是"放弃"的代名词。

我们多数时候，会因为逃避工作中一个难题而换另一份工作，会因为与上司赌一口气而跳槽到另一家新公司，或者因为对行业感到失望而转到新的行业。现代的管理者都相信"铁打的营盘流水的兵"，而员工们则觉得"此处不留爷，自有留爷处"。跳槽早已经不是一个年底的季候现象，渐渐成了职场中的常态。大凡跳槽者总是有各种各样的理由，比如领导苛刻，同事难相处，收入低，压力大，甚至只是厌倦了瓶颈期的漫长。但很多人都未意识到，重新选择并不意味着重新出发，有些问题当下无法解决，换了一份工作，也许还会遇到类似的问题，而自己却没有学会应对之策。

每个公司都是不同的，也是相似的，问题、矛盾、迷茫、不愉快等总是会不断出现，唯一不变的是，人在职场，就必须要面对各种各样的问题。

放弃要比坚持容易得多，想放弃能为自己找到 100 个理由，让自己原谅自己，甚至可以说，我放弃了这个，是因为它不符合我的理想，我要去追寻我的梦想。但是坚持下去，面对的却是不知未来的漫漫长夜，是战胜自我的挣扎与痛苦。但也唯有坚持下去的人，才能够获得守得云开见月明之后的成长和成就感。我的师哥如今开了一家自己的广告公司，原公司的老板感激他为公司所做出的努力，把大部分的业务都交给他做。

每个人都想获得成功，但是却忘记了，"熬"是成功路上必不可少的一个程序。所谓"熬"，就是一个磨炼心性、平肝潜阳、气沉丹田、聚精会神做一件事的过程和态度。一个"熬"字，多少时光岁月流转、多少点滴琐碎。"熬"字就是"难"字，就是"慢"字，就是"痛"字，就是"忍"字。明白这些转换，才能体会"熬"的无尽内涵。这种"熬"的结果，即便不成功，也诠释了最好的自己。

为自己建一个别人无法替代的身份

一位大学同宿舍的哥们儿，总是向我抱怨上司太过苛刻，总是无条件要求加班，而且待遇也不好，说想辞职。

不知道该如何安慰这位同学，但是至于辞职，我并不十分赞同，只是说再坚持坚持，现在找工作不容易。

这位同学从毕业到现在不到两年时间，已经换了四份工作，每个工作坚持的时间都没超过半年的：从电子产品销售到杂志编辑，从超市管理员到电话销售。工作中，稍有不如意，他一怒之下便把老板炒掉，直到现在，还在嚷嚷着要辞职。

看到一则故事，说的是一位员工，觉得自己现在的工作糟糕透了，上司要求苛刻，不尊重他，同事们总是很轻浮地拿他开玩笑，于是，他便跟另一位同事抱怨说："我一定要离开这个破公司。"

同事举双手赞成道："没错，这样的公司你一定要实施报复，但现在不是时机。"

这位员工很是困惑："为什么呢?"

同事说："你如果现在离开的话，公司的损失并不大，你要趁着在公司的机会，拼命地多拉一些客户，多积累些工作经验，然后你再带着这些客户离开这家破公司，让他们后悔莫及。"

这位员工觉得有道理，于是便开始不断地努力工作，积累了很多客户。同事说，你现在可以离开了。这位员工笑着回答说，老总刚刚晋升我做主管了，我暂时不打算离开了。

其实，在很多时候，许多事情无法达到预期的目标并非是因为公司的同事，而恰恰是因为自己。只要你自己愿意去改变，下定决心去改变，许多事情原本是可以解决的。

我想那位朋友也能看到这个故事，并从中得到启发。

故事中的员工，在即将离职之时，能发奋努力，拼出了一个他人无法替代的能力，最终如愿升职。

我们在年轻时，就应该把自己当成一项事业去经营，当成个人品牌去经营，创造自己名字的价值，帮自己建一个别人无法替代的身份，而不是社会价值下的职位，比如某家公司的主管、部门经理等，这些都是别人可以取代的，只要对方公关能力强，或是公司重整解散，你的位子立即就会消失。

其实，我对人才的一贯理解是，要具有不可替代性，就是拥有一项别人永远无法替代的身份或技能。

所以，20 岁出头的我们，需要把内心的浮躁和铅华洗去，停止自己的跳蚤生涯，然后，踏踏实实地在自己的岗位上不断努力，让自己慢慢在这个公司和这个岗位上不可或缺，成为无可替代的一员，让自己的价值呈现在你的上司面前，让老板情不自禁地欣赏你。

年轻时，
总免不了一场颠沛漂泊

"漂"着的状态，无限的可能性

我属于"泊"着的一族，确切地说，是个"北漂"。在这个城市里，还有许多和我一样过着居无定所的生活的年轻人，好似天空中的云一般，在风中不停地游荡，或为梦想或为尊严或为心中的那份不甘。

看到一位北漂朋友的微信：最近总是搬家，又感受到了漂泊的孤独。漂泊，意味着"身在异乡为异客"，意味着居无定所，意味着为追寻自己的事业而漂荡不安的心，意味着心理上缺乏安全感和归属感，意味着，不定。

一次聊天，朋友突然问："为何我们要漂在这里？"

"因为一颗不安分的心呗！"另一个朋友干脆利落地回答。

没错，年轻时躁动不安的心，对外在世界充满渴望，把远方想得异常美好，所以，才敢付出半生的蓄势，外出漂泊，品尝人生不一样的滋味。

《年轻时应该去远方》中这样写道：只有年轻时才有可能去漂泊。漂泊，需要勇气，也需要年轻的身体和想象力，便收获了只有在年轻时才能够拥有的收获，和以后你年老时的回忆。人的一生，如果真的有什么事情叫作无愧无悔的话，在我看来，就是你的童年有游戏的欢乐，你的青春有漂泊的经历，你的老年有难忘的回忆。

所以，人在年轻时，应该去漂泊，看到没有见过的世界，体验从没有过的感受，让你的人生半径能像水一样蔓延得更宽阔、更高远。

一个朋友，在南方的一个漂亮的二线城市长大，家境殷实。但是，毕业后他仍旧"漂"在北京，住在和几个朋友合租的京郊的一所旧房子里。很多朋友不解："回家好好过舒服日子呗，干吗在这里找罪受！"

他说：这里有大把的机会，有无尽的可能性，趁年轻，应该赌一把，搏一回。不然，一辈子只能待在温室里，再锦衣玉食，也会消化不良，再严父慈母，也会目光短浅。

的确，正如肖复兴所说的那样，青春，就应该像是春天里的蒲公英，即使力气单薄、个头又小，还没有能力长出飞天的翅膀，借着风力也要吹向远方；哪怕是飘落在你所不知道的地方，也要去闯一闯未开垦的处女地。这样，你才会知道世界不再只是一间好看的玻璃房，你才会看见眼前不再只是一堵堵心的墙。你也才能够品味出，日子不再只是白日里没完没了的堵车，夜晚时没完没了的电视剧，家里不断升级的鸡吵鹅叫以及公共场合里波澜不惊的明争暗斗。

泰戈尔在《新月集》里写过的诗句："只要他肯把他的船

借给我，我就给它安装一百只桨，扬起五个或六个或七个布帆来。我决不把它驾驶到愚蠢的市场上去……我将带我的朋友阿细和我做伴。我们要快快乐乐地航行于仙人世界里的七个大海和十三条河道。我将在绝早的晨光里张帆航行。中午，你正在池塘洗澡的时候，我们将在一个陌生的国王的国土上了。"

那么，就把自己放逐一次吧，就借来别人的船张帆出发吧，就别到愚蠢的市场去，而先去漂泊远航吧。只有年轻时去远方漂泊，才会拥有这样充满泰戈尔童话般的经历和受益，那不仅是他书写在心灵中的诗句，也是你镌刻在生命里的年轮。

因为年轻，所以漂泊

　　我的家乡在江南地区一个美丽的小镇上，富有且环境还不错。在大城市生活久了，总是盼望着能够回家，能够舒舒服服地坐在门口有杨柳拂面的小河边好好地呼吸新鲜空气，能够在下雨的时候，安静地坐在四面荷花的小亭子里好好地欣赏美景，能够在桂花飘香的小园子里轻舞曼步……所以，每次在离京回家前，都会激动不已。

　　只要一坐上火车，紧绷的神经马上可以松弛下来，心中的种种压抑和不安，顿时便烟消云散。回到家里，卸下行李的那一刹那，人会完全地散淡下来，彻底地放空自己，在几天内，你会觉得惬意无比。但是，十天左右，便会开始觉得无聊和乏味。

　　尽管有家里的亲友相随，父母相伴，但仍旧会觉得没滋味、没劲头。

　　于是，便不自觉地会开始想念京城的烟尘鸣声，车水马龙，交际争执，怀念那种在重压下的生活状态，那是一个鲜活的世界，仿佛已经进入了你的血液，成为你生命中不可分割的一部分。那种感觉，亦如肉食动物，无法再食草一般。

每一个出走的人，都以为自己随时可以回家，而这亦是人生的悲剧：其实，家，就在你转身离开的那一刹那，已经永远无法到达。

我终于明白，故乡，已经成为一个我永远都回不去的地方。我的心已变，那里的一切都已无法纳入到我所构造的世界中，包括亲友父母。

终于迫不及待地回到京城，一切都那么熟悉：经常光顾的小区门口的水果摊，街道旁边的小吃店，小区门口的门卫，楼下的一草一木，座椅，租来的巴掌大的小屋……好似这才是你应该待的地方。

没人强迫你离开家乡，没人强迫你非要来到这样一个压力巨大、生存沉重、奋力拼争也要留下来的地域里，因为你情愿。

因为你的观念已经与这里融为一体，你容纳和接受了这里的一切。

因为年轻，心大无比，尽显锋芒，家乡已经完全容不下你，必到这里来搏一搏，赌一赌。

因为年轻，涌动着的血液，使你无法安稳、安定，你需要兴奋、剧烈地与命运抗争一把。

因为年轻，跳动着的脉搏，使你渴望一个神秘莫测，如万花筒一般的不一样的世界。

　　正如《年轻时应该去远方》中所说，年轻就是漂泊的资本，是漂泊的通行证，亦是漂泊的护身符。而漂泊则是年轻的梦的张扬，是年轻的心的开放，是年轻的处女作的书写。

　　为何漂泊，因为年轻，因为永远无法实现的渴望。如果没有前赴后继的漂泊，就不会有这样一个日新月异的世界，更不会有别样多彩的人。

总有一次经历，会让我们在瞬间长大

张波是我的发小，初中、高中都与我同校。后来，他考上了西部一所名校，接着又上了建筑系的研究生。对我们那个一年也出不了几个大学生的落后村庄来说，张波是我们的骄傲，被村人标为学习的榜样。

张波给我打电话的时候，我正在上班，与同事激烈地讨论着广告方案。

他用很兴奋的语气告诉我：我顺利通过了研究生的答辩，想到京城，听说那里有大把的机会。

又到一年毕业季。我想到了表妹的处境，便对张波给出了忠告：社会可不是学校，只要你考高分，人家就认你。

四天后，张波果然拖着很重的行李过来找我，暂时和我挤在一起。

第二天，他先在网上投了几十份简历，随后又到人才市场。

晚上我回到家的时候，张波已经回来了，一个人奄奄地躺在床上。

我玩笑似的说："怎样？受打击了吧！没关系，这不才第一天嘛！"

他坐起来，愤愤地说："诸葛亮出山前也没带过兵，凭啥我找工作就要工作经验？"我笑了起来，网上许多毕业生找不到工作，就用这句话发泄不满。

又过了一周，张波在网上投出去的简历都已石沉大海，没有任何音讯。

这天，我陪他一起到附近的人才市场，时值盛夏，天气很热。

我们在里面转了一圈后，张波便出来坐在街边的马路沿上，木然地看着人来人往，无力地挥着手中的报纸漠然地驱赶炎炎夏日所带来的烦闷。工作的境况很不尽人意，工作稍体面的，大都需要工作经验。张波刚把简历递过去，对方看都不看，就询问工作经验！

他向我苦笑："好歹是个研究生，成绩优异！经验真的有那么重要吗？"

我拍着他的肩膀安慰道："刚出社会，都这样！别怨天尤人，是我们把未来想得太美好了！"

他无奈地问自己：明天在哪儿呢？大学毕业十多天了，工作一直没落实，口袋里的钱越来越少。节约、节约、再节约，可每天吃饭不能少啊！

又一股热浪袭来，他手中的报纸又不停地挥舞几下，这烦人的夏天，这烦人的鬼天气。

每每打开报纸的招聘专栏，目光流过那低廉的条件，那诱人的薪水……平如弘湖的心动了；当浏览到最后一行心冷却了："从事本工作两年以上。"两年？我刚从学校出来，何来两年之谈？即使是带着自信来到聘用单位，接待小姐只要温文尔雅一声"先生，回去等候我们的通知"，我们便会欣喜地抱着一丝希望认真等候，哪怕最终石沉大海杳无音信。

张波抱怨着："只不过想在这个城市待下去，想有个适合自己专业的工作却一次次被'工作经验'拒之门外，相比其他有经验的竞争者我们多少显得苍白无力！可是，明天我会有经验啊，我会做得更好啊，为什么不给我这个机会呢？"

我说，我们的一生之中，经历过无数的风波，起起伏伏，担忧考试不合格，初恋时非对方不娶不嫁……但现在还不是好好地活着吗？昨日的压力，已是今天的笑话了，有时还会嘲笑自己"当时真傻"。人，只要生存下去，经验总是会有的，一切也总会有的。

每个人在你正式融入社会之前，现实都会把你身上的棱角慢慢打磨平滑，让你越来越接受本来的样子，让你能够更好地与孤单的自己、失落的自己、挫败的自己相处，并且接受它，然后面对它，从而让你成为更好的自己，更让自己喜欢的自己，这就是成长。

其实，我从张波身上看到了我的影子，他与我同岁，但却是不同的人。在现实的打磨下，我已经渐渐从一个激奋、高傲、张扬、不羁、情绪化、不顾一切的小青年，渐渐变成了一个温和、克制、朴素、不怨不愤的成熟人，而他正在经历这一蜕变，现实正在对他进行考验。

过了这一关，我想他也会在瞬间长大！

成长是一种经历，成熟是一种阅历

年关了，大学班长约了我们共同漂在京城的朋友一起聚餐。

同学见面，很是亲切，场面异常热闹。

班长举杯，说："今天，为了我们躁动不安的年华，为了我们终将靠谱的爱情，为了我们无怨无悔的折腾，为了我们永远在路上永远搁在一块的人生，为了我们'漂'着的青春，干杯!"

大家酣畅淋漓，一饮而尽。曾经的日子闪亮而又明媚，大家疯狂地说着笑着，分享着漂泊的滋味。

听着外面偶尔传来的几声鞭炮声，意识到又一年过去了，今天在这里，明天又会"漂"向哪里？

当一个人没有自己的方向，不知要驶向何方的时候，生活中的风浪刮来，就会搅动内心的波澜，今天东北风，明天西南风，弄得自己可怜自己。

大家在一起，难免会有比较，而漂泊感正是源于这种比较。席间，听说谁谁已经在北京买了房子，谁谁刚刚结了婚，谁谁刚刚升职加薪，谁谁工作开心，乐此不疲……听到这些，很多人尽快对号入座：我没有定见，没有方向，居无定所，孤身一人，每天复重劳动、工作繁杂……这种比较，加重了漂泊感。

曾经，我觉得一旦有机会能离开家乡，便要死命地往前飞，从此再也不回头。然而，当我真正有机会飞出去的时候，我回过头看看，才知道，迁徙的感觉，并不是很好。

尽管如此，我仍旧用《年轻应该去远方》中的话安慰自己：青春时节，更不应该将自己的心锚一样过早地沉入窄小而琐碎的泥沼里，沉船一样跌倒在温柔之乡，在网络的虚拟中和在甜蜜蜜的小巢中，酿造自己龙须面一样细腻而细长的日子，消耗着自己的生命，让自己未老先衰变成一只蜗牛，只能够在雨后的瞬间从沉重的躯壳里探出头来，望一眼灰蒙蒙的天空，便以为天空只是那样的大，那样的脏兮兮。

酒过三巡后，听着大家尽情地述说着自己的故事，议论着别人的成就，猛然感觉，我们已经开启了属于自己人生的课本，开始书写属于自己的传奇故事。是漂泊增加了这种阅历，阅历促成了成长和成熟。

每个人都会成长，但不是每个人都会成熟。我想，这种四处"漂"着的状态，终会使我们比其他安稳的同龄人更能理智和淡然地面对以后的人生：不为得而狂喜，不为失而悲痛，竭心尽力之后，坦然接受生命中的一切；不因功成名就而目中无人，也不会因籍籍无名而卑躬屈膝，平静而有担当地过一种不卑不亢的生活。

漂泊，是一种感觉

我越来越感觉：漂泊不是一种状态，一种事实，而是内心的一种感觉。有房、有工作、结婚生子，未必不会有漂泊感。

最近，在论坛上结识了一位年近40岁的女人，是一家外企中层管理者，夫妻和睦，儿子听话，一切顺利。但对自己的工作并不喜欢，她说，没有找到自我价值实现的方式，像是一个没有根基的树木一般，是为别人活着的漂泊者。

漂泊源于内心定性的缺失。当一个人对生活的定性，对自己的定性没有形成时，便会产生摇摆的感觉。当然，如果你生活在一方池塘中也就罢了，你完全可以风平浪静地过生活，比如生活在小城市，每天上下班，吃饭睡觉，过得安稳、自在，自然不会产生漂泊感。但若驶进大海，无风三尺浪，东西南北风一刮，船只无论大小都会摇摆不定，没有人会看到这样的船只而感到惊讶，反倒是十天半月后，仍旧还是找不到方向，在原地打转，才算得上是真正的"漂泊者"。

对电影《西游·降魔篇》中的一句话记忆深刻："有过痛苦，才能懂得世间众人之苦；有过执着，才能放下执着；有过牵挂，才能了无牵挂。"其实，"漂泊"于我，感触颇深。大学毕业一直漂在京城近三年，搬过四次家，寒冬时节住过鸽子笼，三伏天住过风扇都没有的窝棚，至今未婚，没有买房，更无买房的打算，但是这种对未来充满未知的状态，让我着迷，有时候，我也并不觉得自己是在"漂"，因为有定性。

如果你有类似的经历，在把自己归为没有定性，缺乏确定性的"漂泊者"前，建议你先梳理一下，在你的经历背后，在你马不停蹄的漂泊生涯中，你究竟在追寻什么。没有无缘无故的苦，也没有无缘无故的折腾，但是如果你一味地"无缘无故"地毫无定性地"漂"下去，那神也无法让你安定下来。

漂泊本身是一种绝美的经历，漂泊是走出个人天生资源限制的一种必然。但是，你在漂泊中发现了什么？漂泊并非是人生的目的，否则稳定则成为彼岸，而探索才是真正的目的。有探索，有所发现，使命与方向感，便会逐渐地呈现。

先定神，再定心，让漂泊的感觉无处可藏

过了年，我早早地买了车票，离开了家，踏上了回京的车。

许多朋友电话里说，不想再"漂"下去了，感觉很累，居无定所，什么时候该是个头！再说，年龄也不小了，该收心，找个地方，找个方向，过踏实日子了。

我在日志里写道：漂泊，只是人生探索的一种形动罢了，何样漂泊，何样探索，何样人生。没有人"一生下来就应该知道人生方向"，亦如当初刚毕业的我们，不实习就不会有工作经验一样。只是你把这段实习放在了什么阶段，在明白要去哪里，找到自己的方向之前，一定要尽量多尝试，不试，你如何知道？经过一段时间的尝试，以后的路就会走得更从容，更踏实，更有激情。这是必不可少的迷茫期，否则，就没有青春了。

意大利探险家马可·波罗，17 岁就曾经随父亲和叔叔远行到小亚细亚，21 岁独自一人游历整个中国；美国著名的航海家库克船长，21 岁在北海的航程中第一次实现了他野心勃勃的漂泊梦；我国的徐霞客，22 岁开始了他历尽艰险的漂泊，

行万里路，读万卷书……可以说，正是年少时的漂泊成就了他们。如果没有他们年少时的漂泊，恐怕我们永远不知道世界上有马可·波罗、库克船长的存在。漂泊的历程，纵使前无来路，后无归途，铺就着无法预料到的艰辛与磨难，但也是值得我们去尝试的。

所以，被迷茫充斥的我们，可以先安下心，暂且让漂泊陪你一会儿，先定神，再定心，漂泊感自然无处躲藏。

在定下神之前，你之前所有的经历都会回来帮助你，将你以往的经历串连起来，每个人都是自己人生的魔法师，魔法师的关键在于整合之后的那个神奇的开启。按钮其实就在自己身上，每个人都不难找到，难的是确信它就是开启人生方向的按钮，而不是一个会把自己炸飞的定时炸弹开关或者将自己卷入新的旋涡的坐标。

找到一个属于自己的"支持系统"

如何不成为"漂泊者"？曾与漂在北上广的朋友谈论过这个问题。

多数朋友说，这不很简单嘛：找个地方，买个房，安定下来呗！

还有一些朋友说，赶紧找个人结婚，成家立业，心定下来了，便不再会有漂泊感了！

可是，果真是这样吗？逼自己去买房，向周围的朋友四处借钱，最后，房子有了，人生却偏离了轨道，我们漂泊不就是为了寻求正确的人生轨道吗？

同样，当你为单身一人苦恼，逼自己找个人结婚，最终，老婆有了，可你内心那些最真实的想法呢？

所以，我觉得，要摆脱"漂泊者"的名号，最为关键的就是要找个属于自己的支持系统。

这个支持系统，就如自己的人生方向一般，必须要自己寻找。而那些主动向你示好，给你建议的人，包括亲人、朋友，在为你"提供支持"的背后，多少都会掺杂自我的建议。其实，人生航向这样的大事情，一旦被人参股，掌舵者就一定会受影响，轻则内心不淡定，做起事来哆哆嗦嗦，重则完全转向。所以，你不规划，就会有人帮你规划。不仅职业是如此，生活也是如此。

其实，要过一种什么样的生活，生活过得是否完美，完全在于内心的追求，而追求能够获得，则是完美。生命也是实实在在的一种旅行，四处漂泊也好，找个地方安定也好，关键在于内心的安定和淡然。漂泊本身并不可怕，可怕的是以为自己是漂泊者所产生的慌乱、自怜和不安。

那些事，和漂泊相关

1. 看着别人背着大包小包地赶回家的火车，心里就难受得不行，后悔自己当初的决定。想念家中的父母，我独行千里，但他们的爱，始终贯穿萦绕其中。如果说，我从爱人的手中看到了自己的感情线，那么我从父母双手中看到的绝不仅仅是我的生命线。

2. 你靠在窗边，透过蒙蒙细雨，静静地看着这个陌生的城市，你不知道要在这里停留多久，你不知道你会遇见什么样的人，也不知道你会留下怎样的回忆……点一支烟，烟雾缭绕中，你静静地眯上眼，享受这一刻的寂静，过去的一切就让它这样过去吧，从今天开始，你要学会认识陌生的人，做陌生的事，过陌生的生活……独在异乡为异客。

3. 漂泊不知待到何时，每次遇到不开心难以解决的事情，总想着回家，因为家是最好的避风港，那有我的家人，有我最知心的朋友，有我最值得想念的人。可是，回家却又不能长待……

4. 在东莞漂泊的三年中，曾务过农、执过教、干过政法，"工农商学兵"中，缺少的是"工"和"商"了。丰富了经历，增长了见识。后来，辗转到北京，在朋友的企业里，正好把我的"工"和"商"之课补上了。

5. 在一个出租屋里，三层复式中有三个卫生间，早起洗漱的时候，租友们常常上下穿梭插空使用卫生间。我们共同居住在这个屋顶天台，宛如家人一般亲密，在这个偌大的北京城里，一边漂泊，一边追梦。

6. 在这间出租室里，住了整整四年，看着租友一个个搬出去，又有新人一个个搬进来，这中间发生了许多故事，有人得到了机遇的垂青，搬到自己买的房子里，有人大胆改变了前进的方向，有人饱尝了失去的苦楚，无奈返回老家……

7. 大家同租在一个屋檐下，时间久了，都相互熟识。每天下班时分，便是屋里最为热闹的时段。几间略大的房间便成了大家的据点，大家一起吃饭、看电影、打牌，共度夜晚的休闲时光。这里，就像一个驿站，迎来送往，见证着大家的选择和努力，也默默地守着这群心怀梦想、努力生活的人，守着他们的奋斗故事。

生命本是一场漂泊的旅行，遇见了谁，做什么事情都是一场美丽的意外。所以，在漂泊中，我们要珍惜每一个可以让我们称作朋友的人，因为那是可以让漂泊的心驻足的地方。

青春是人生的实验课,
　错也错得很值得

年轻最大的资本就是犯得起错误

青春期的我们最大的优势是年轻，但最大的劣势也是年轻。因为年轻，所以敢做、敢闯，让人生充满了无尽的可能性；因为年轻，即便错了，也有足够的时间可以重新再来；也因为年轻，所以无知，涉世不深，做事容易冲动感情用事，时常会犯错、受挫。

一位朋友曾经向我说过他在年轻时犯下的错：从小自恃聪明，经常在课堂上捣乱，课后从来没有认真地做过作业，但成绩一直以来倒也算不错。在高考中，却意外地落榜了，败得一塌糊涂。

这对于这位朋友而言，无疑是一次沉重的打击，好久都没有缓过劲来。后来，复读的一年，他认清自己，很是努力，最终考上了理想中的大学。对于他来说，犯错就是一次人生的蜕变。

还有一位朋友一毕业就尝试创业，从父母那里拿出十几万，还借了许多外债，开了一家人才中介公司，不到半年时间，因为缺乏经营经验而赔得血本无归。现在的他，已经完全失去了斗志，在一家小公司做小职员，过着朝九晚五的生活。

挫折可以激发一个人的斗志，也可以彻底打垮一个人！

行走是后天的行为，但每个小孩都能学会走路，因为小孩没有任何杂念，不怀疑！不犹豫！无论跌倒多少次，从来没有想过自己行不行。而长大后，我们便有了自主意识，我们受挫，我们失败，我们开始怀疑自己，不再如同小孩一样勇往直前。不是不行，而是不信！这便是成长的悲哀。

然而，年轻的我们却忘记了，无论你犯了多少错，或者你进步有多慢，你都走在了那些不曾尝试的人的前面。

一位企业家，在经历了无数磨难获得成功后，说，只要能从谷底中走出来，经历了一些磨难，以后的道路无论遇到任何问题，都不足以惧怕了。是人，都有失败的权利，以平常心接受失败，从失败中走出来的人，往往更具战斗力，也更具备成功的可能性。

在我看来，年轻是一列出轨的火车，明知道自己会一头撞上，还是要有勇气全速驾驶。所以，在年轻的时候，我们最好能选择自己想做的事情，并且努力去完成它，从而体会其中的成功的喜悦，未来的某一天，你便会发现，年轻时丢掉的垃圾，都是香的。

一位四十多岁的客户说：年轻时犯过的错误，一定都会得到上帝的原谅的。人总要犯错的，否则正确之路不就人满为患了吗？

猛然间，想起了泰戈尔的诗：人总是要犯错误、受挫折、伤脑筋的，不过决不能停滞不前；应该完成的任务，即使为它牺牲生命，也要完成。社会之河的圣水就是因为被一股永不停滞的激流推动向前才得以保持洁净。这意味着河岸偶尔也会被冲垮，短时间造成损失，可是如果怕河堤溃决，便设法永远堵死这股激流，那只会招致停滞和死亡。

过错是暂时的遗憾，而错过则是永远的遗憾

成长中的我们，会有这样的感觉：

有些事一直没机会做，等机会来了，却不想再做了；

有些人一直没机会见，等机会来了，却又犹豫了；

有些爱一直没机会爱，等机会来了，却又不爱了；

有些话埋藏在心中很久，等机会来了，却又说不出口了。

有些事本身是有很多机会的，却一天一天推迟，想做的时候，却发现没有机会了。

有些事给了你很多机会，却因为不在意、没在乎或者是怕犯错，等想重视的时候，却发现已经没有机会了。

人生有时候总是很讽刺，一转身就可能是错过，给人生留下无尽的遗憾。

人生难免留遗憾，可是我要说，过错是暂时的遗憾，而错过则是永远的遗憾，我们不要害怕过错而错过……

经常听到一些迟暮之年的老人，说起他们年轻时的遗憾：

年轻时，爱上一个姑娘，但是缺乏勇气表白，只能在背

后默默注视，到后来有勇气的时候，却发现已经错过了一辈子；

年轻时，一直想去旅行，但因为工作没时间，等有时间的时候，却发现再也走不动了；

年轻时，一直想带父母去他们向往的地方，因为条件限制，等后来有条件的时候，他们却已经永远地离开了；

年轻时，总想去创业，但迫于生活压力，不得不屈身于一个小工厂里，等到后来，却发现再也没有当初的激情了。

一些事，只要错过了，就再也没有机会补救了。

我们经常会对自己说："等到大学毕业后，我就如何如何"、"等我买了房子之后，我会如何如何"、"等我最小的孩子结婚之后"、"等我把这笔生意谈成之后"……我们总是愿意牺牲当下，去换取未知的等待，最终将一切想做的事情都搁浅在漫漫的岁月中。

其实，在很多时候，我们不必先等到生活完美无瑕，也不必等到一切就绪，想做什么，现在就做！我们要把每一天都当作新生，加倍地珍惜。

如果你非常爱一个人，就不要吝于表达；如果你的妻子想要红玫瑰，现在就买回来送给她，不要等到下一次，并且还要真诚、坦率地告诉她你是多么地爱她。如果说不出口，就写张纸条压在餐桌之上："我的生命因你而美丽。"千万不要羞于表达，要好好地把握！每个人的生命都会有尽头，许多人经常在生命即将结束时，才发现自己还有许多美好的事情没有做，有许多话来不及说，这实在是人生最大的遗憾。

任何人都无法预料未来，我们无须等到一切都平稳，想做什么，现在就可以开始做。你是否常常在自责自己为何不在双亲在世的时候服侍左右？为什么没能带上他们好好出去玩一次，以至于现在却成为奢望？对于亲人的许多愧疚像一根肉刺一般深深地扎进心窝，不敢碰，也不能碰。

所以，从现在开始，不要总是延缓想过的生活，不要吝于表达心中的话语，因为生命只在一瞬间。一句瑞典格言说：我们老得太快，却聪明得太迟。在你的生命中，有多少事，在你还不懂得珍惜之前已成旧事；有多少人，在你还来不及用心之前已成旧人。遗憾的事情一再发生，但是过后追悔时，才知道自己应该如何如何。要知道，"那时候"已经成为永久的过去，你所追念的人和事已经消失在茫茫的岁月之中。要知道，生命中大部分美好事物都是极为短暂的，也是易逝的，好好地享受它们，品尝它们，并且学着去善待周围的每一个人，别将时间浪费在等待所有难题的完满结局上。

所以，年轻的我们，不要再轻易去相信"柳树枯了，有再青的时候；燕子去了，有再来的时候"，因为，再绿的不是去年的那片叶子，再来的，也不一定是去年的那只鸟儿……

如果不辞职该有多好

我的工作其实蛮不错的，虽然累点，但薪水却让周围的同伴羡慕，但是，就在今天上午，我却向老板递了辞职报告，我辞职了。

下午，公司人事部人员，劝我留下，我借故说自己要重新冲回学校考研，所以，对方也不好再说什么。到下午下班的时候，我知道，我放弃了一个好机会。

我喜欢我的工作状态。

早上七点半起床，然后洗洗涮涮，出门的时候，朝阳正好照进来。在公司忙碌一个上午，到中午可以到公司楼下吃一顿不错的工作餐，到下午五点下班。偶尔加班，但多数时候都步行回家，吃饭、敲文字。

今天，在夜幕沉沉中，我向窗外看着这个城市里的一个角落，车流不息，人来人往，灯红酒绿。从人多到人少，我一直坐在那里，写文章。看着那个曾经工作过的漂亮的写字楼，我忽然感到心里无比温暖。

我喜欢我的上司和老板，虽然经常因为工作问题会争吵，但他们对我还算照顾。尤其是我的上司，总是关心我的生活问题，在犯错误的时候，也会毫不留情地骂我，也曾手把手教我工作中的事情；同事对我也好，客客气气，虽然不是亲密，但绝不生分。

工作环境也还好，一处繁华地带颇具现代化的写字楼。每人一个格字间，办公室有公共的茶水间，有咖啡机，有免费的茶叶，有微波炉和冰箱。我坐的位置也是极好的，26 楼，视野广阔，能看到下面来来往往的人群和车流。

然而，我辞职了。

说不清楚的原因。我的生命里，逃，从来都是主题，现在想来，从小到大，我一直都在逃。很多时候，当在看到点希望应该要停留下来安定的时候，内心便会充满恐惧，灌进身体里，我的意识里，所有的细胞都在逃。可是，在逃离些什么，我也不明白。

每二天，周三，当早上睁开眼，意识到自己不用去上班的时候，我开始后悔了。人总是不懂得珍惜，别人觉得珍贵的东西，拿在自己手中却感到很廉价。

后悔之余，我开始尝试找到新的生活节奏：早上起床，敲文字，下午出去闲逛，晚上又写文字。闲下来的时候，我也在想自己究竟要干什么？从一个地方逃到另一个地方，就这样凭着感觉生活，一直迷恋这种"漂"着的感觉！

我在自己租来的床上，写下海子的诗："我有一所房子，

面朝大海，春暖花开。"在这个月租 1500 元的房间里，我开始
了自己的创作梦想。其实，这是我突然决定辞职的原因。前
一天我还与朋友计划要在这里打拼出一番天地来，第二天，
我却打电话告诉他，我已经辞职了。

　　搭上公交车，我的心开始跟着身体摇摇晃晃。我不清楚
前面的路上会有什么等着我，我也不清楚我将要面临怎样的
困难。我知道，我确实放弃了一个好机会。然而，我还是放
弃了。对自己说，后悔去吧，然后，继续生活！

路是自己选的，就没有回头的余地

人生不是圆满的，总是在年轻时做一些令自己感到遗憾或后悔的事情。

我也曾经有那样的时刻：为大学读了自己并不喜欢的专业而后悔，为不能坚持自己的理想而遗憾，为放弃一个良好的工作机会而顿足捶胸……那些错误的选择，让自己久久难以释怀，只希望时光能够倒流，想再做一次新的选择。然而，时光并不会倒流。我们已经不是小孩子，要敢于对自己的行为负责任，路都是自己选择的，就再也没有回头的余地。

要知道，当下的你无法预知以后的事情，只能顾及眼前的人，眼前的事。后悔不仅于事无补，反而会影响自己的心情。

李商隐在其诗《嫦娥》中写道：云母屏风烛影深，长河渐落晓星沉。嫦娥应悔偷灵药，碧海青天夜夜心。意思是说，云母屏风染上一层浓浓的烛影，银河逐渐斜落，启明星也已下沉。嫦娥想必悔恨当初偷吃不死药，如今独处碧海青天而夜夜寒心。这首诗描写了嫦娥对自己偷吃灵丹妙药离开后羿之后的悔恨与孤独。

然而，现实生活中，我们又并不是嫦娥，更何况，我们在当时做决定的时候，一定是认为那个选择是对的路，而后去选择的，也许路没有想象中的那么平坦、顺畅，但是谁的路又是一开始就是通行无阻的呢？

我们很多时候，总是看到别人的"路"走得很轻松，脸上也总是洋溢着得意的表情，说不定对方的脚上满是水泡与伤痕呢。只是因为他脸上的笑容太过灿烂，才让人忽略了那些小伤。

所以，不管怎么样，别再为过去的事情后悔，路是自己要走的，你能决定的是要蹲在半途悔恨哭泣，还是依然带着笑容将它走完，让别人羡慕呢？

离开你，我会走得更好

策划部经理是个漂亮的中年女人，34 岁，每天上班都打扮得很入时，脸上都挂着微笑，对工作很负责，对下属也有耐心，是个极容易相处的人。我想，她应该是个幸福的人，家庭一定和睦。

可是，私下里听同事说她是个离异的单身女人，这让我有些吃惊！

一次，在喝下午茶的时候，兰姐说了关于她的故事：

她和丈夫结婚四年，没有孩子，从没有吵过架、红过脸，原本是大家公认的模范夫妻。

丈夫是一家保险公司的总经理，挣的钱足够养活她。她在家天天练习做菜、煲汤，她的幸福让周围所有的女人羡慕。

那天，她无意发现丈夫手机里的一条短信："昨天分开后，我一直想你。期待和你再一次相见！"他正在睡觉，呼呼的呼吸声，都盖不过她的心跳声。

她回了条短信："明晚 7 点在中心公园门口见。"

第二天，她早早把晚饭做好。在六点半的时候，她借故
出门。

她打车到中心公园门口，看到一个 20 岁出头的女孩。长
头发，高挑身材。她看着女孩左顾右盼地打完电话便匆匆离
去，她也转身离开。

那晚她到了闺密家里，喝掉很多酒。想起和他第一次牵
手的甜蜜，想起第一次拥吻，又想起七年后的背叛，她的心
都碎了，眼泪掉了下来。

黎明时分，她踉跄地回到家，看到丈夫在客厅的椅子上
打盹。她说，如果再有一次，我们就离婚。

之后的三个月，他果然夜夜早归。那天中午，她去办事，
顺路经过他的单位。她想约他一起吃饭，正好看他从餐馆的
包间出门，拥着那个女孩，有说有笑，很是甜蜜。她避进了
大门旁边的婚纱店，在角落里哭成了泪人。看着橱窗里倒映
的那个女人：肤色黯黄，一束凌乱的头发潦草地扎在脑后，
臃肿的身材藏在暗黄色的水桶裙中，脚上穿了一双很随意的
"人"字拖，这些颜色搭在一起，很不美观。她蹲在那里，把
头埋进膝盖，像只鸵鸟。

回到家，她用清水洗净泪痕，翻开本子，用漂亮的字迹
列出一张新的生活计划表。从此，她不再为他朝九晚五的生
活忙碌。她每天早上锻炼身体，苦练瑜伽。周末，她请小时
工收拾家务，自己还报了一个设计班，又学习绘画。

他也发现了她的变化，非常赞赏。他也拥有了更多的自由，继续和女孩来往。她隐而不发。同枕共眠，她几乎睡在床的边沿上。想象他们在一起的细节：屈辱、伤心……而她只将眼泪吞进肚子里。

她的气色好多了，素描画得很是出色。她的设计方案，受到老师的夸奖。

在她 28 岁生日那天，她去商场挑了一件薄呢银灰外套，烫了头发，漂亮地坐在家里等他回来，把离婚协议书递给他，提着箱子便扬长而去。他猝不及防，目瞪口呆。

她什么都没要，只带走了自己的日用品、衣服和一张存折。房子、车子和这个收入丰厚的男人，她全部不要，她无法容忍欺骗她的男人。

后来，她便来到我们这家广告策划公司，从普通的员工开始做起。她想要一个新的开始，她白天上班，晚上到培训班给自己充电。广告策划、图片设计，她无一不做得出色。优雅的衣着，卓越的能力，都让她的薪水一涨再涨。

如今的她，是我们的策划总监，工作能力、智慧无不令人佩服的女人。

失败的爱情、婚姻可以让一些人变得堕落、丑陋，而却可以让另一些人变得美丽、优雅、强大。

听了她的故事，我明白，爱情里，最重要的事，不是如何去爱别人，而是努力成全最好的自己。张小娴说："总有一天，你会对着过去的伤痛微笑。你会感谢离开你的那个人，他配不上你的爱、你的好、你的痴心。他终究不是命定的那个人，幸好他不是。"

年轻时，也许每个人都会经历一次痛彻心扉的离别，但是，有些离开是为了使我们更好、更优秀地走过人生岁月。到那一天，你就可以优雅地转过头对对方说："离开你，我过得更好!"

看到她微笑着从我面前经过，我知道，她确实是一个幸福而快乐的女人。突然，想起奥康娜唱的一首歌：

《Thank you for hearing me》
"Thank you, thank you for helping me。
Thank you for breaking my heart。
Thank you for tearing me apart。
Now I'm a strong, strong heart……"

年轻时，曾犯下的那些错误

正在经历青春的人，就算是犯错也可以得到原谅和理解，这便是年轻的资本。年轻会犯错，但年轻时那个固执的自己也总是让人怀恋的。更为重要的是，如果我们没有犯过错呢？假若我们没有荒废学业去喜欢某个人，逃课，与老师顶撞，想要疯狂一番，想与自己不喜欢的世界规则作对……又会怎么样呢？会过得更好吗？没有败笔的人生比有趣的错误更好吗？若我们在最叛逆的时候听话，从不做自己想做的事情，在辛苦工作的间隙，在无人陪伴游玩的日子，我们拿什么来回味人生呢？

人生中最快乐和最痛苦的是成长，成长中免不了会犯错。然而，青春就是用来犯错的，偶尔停下脚步，回忆当年犯的错，就会发现嘴角泛满了甜甜的笑容。

1. 在中学时，总是很得意，稍有成绩就看不起别的同学，觉得他人都是大傻瓜；也很傲气，不愿意与他人合作做游戏，总是孤零零一个人。现在想起来，都觉得那时候的自己真的很可恨！

2. 中学时，与同桌女生总是吵架。一个夏天中午下课后，天气炎热，女生随手就把我放在桌上的扇子拿过去，径直走出了教室。我一怒之下，就把同桌桌上的文具狠狠地摔在地上，惹得那位女生在教室里大哭。现在想起来，很是惭愧，当初的自己为何那么狭隘，不懂得宽容？

3. 为了讨好隔壁班的女生，总是编各种各样的谎话向在农村的父母要钱。给女生买花，买化妆品，买名牌衣服，却不知道家里的母亲因为省钱不去看而病重住院。

4. 毕业后，因为虚荣心，义无反顾地辞掉了喜欢的工作，去考公务员。几年过去了，想辞职去做自己感兴趣的事情，却发现，生活各方面的压力已经不允许你重新开始了。才发现，年轻时选择一份自己喜欢的职业，是多么重要的一件事！

5. 毕业后，心血来潮，经受不住社会上朋友的诱惑，走上了创业道路。因为缺乏经验和资源，一败涂地。后来又接二连三地失败，当下的我也在逐渐成熟，如今，生活带给我的压力越来越大，到现在一份像样的工作都没有。三年的创业生涯，带给我的不仅仅是几十万元的亏损，还有面对未来生活的勇气。

6. 大学时，因为交女友，经常向同学借钱，后来一直到毕业，都没有还清。毕业几年，工作找了几个都不理想，过着朝不保夕的生活。再次向同学们借钱，发现再也借不出来了。我知道，大学时，我已彻底把自己的信誉给毁掉了。

......

　　有人说，年轻时，最大的财富，不是青春，不是美貌，不是充沛的精力，而是你有犯错误的机会。如果你年轻时候都不能够追随自己内心的强烈愿望，去做自己认为值得做的事情，冒一次风险，犯一次错误的话，那么青春会多么的苍白！可是，有些错误所带来的伤痛，一辈子都抚平不了！

后记

作为一代年轻人，本该是富有朝气和锐气的，本该是敢想敢干、直抒胸臆的，本该是敢为风气之先的。本书围绕这一主题展开，以温和而饱满的热情阐述了羁绊青年人暮气沉沉的内在原因，从梦想、爱情、工作、事业、选择等方面，给青年人指出了一条冲出人生"樊篱"的方向，告诉青年如何扫除笼罩在社会上、徘徊在人心头的暮气，富有朝气，富有激情地去追逐自我梦想。

年轻人有朝气，社会就有朝气；年轻人有光明的前途可奔，社会的未来就一片大好。本书从现实问题出发，向广大青年传输了一种正能量，让广大青年明白：年轻是一种资本而不是不足，从而让其奋发图强，敢作敢为，不让青春徒留遗憾。同时，亦让锐意进取、活力四射的青年精神成为社会风尚。

本书内文借用一些作者的观点及文字，由于时间仓促，我们无法与本书内文的作者一一取得联系，在此谨致深深的歉意。敬请原作者见到本书后，能及时与我们取得联系，以便我们按照国家有关规定支付稿酬和赠送样书，联系邮箱 nu-anxinzhizuo@126.com。书中有不足之处，愿广大读者提出宝贵的意见和建议，以便我们再版时得以修正和完善。